Anja Carmen Müller und Dr. Gabriele Lehari

Der Therapiehund

Anja Carmen Müller und Dr. Gabriele Lehari

Der Therapiehund
Vor, während und nach der Ausbildung

3., erweiterte und aktualisierte Auflage

Oertel+Spörer

Bildnachweis
Titelbild: Dr. Gabriele Lehari
Innenteilbilder:
Anja Carmen Müller S. 5, 8(2), 9, 42, 51, 53, 62 o., 67, 98(3), 99, 100, 101 u., 103, 112, 115; alle anderen Fotos von Dr. Gabriele Lehari

Bibliografische Information der Deutschen Nationalbibliothek
Die Deutsche Nationalbibliothek verzeichnet diese Publikation in der Deutschen Nationalbibliografie; detaillierte bibliografische Daten sind im Internet über http://dnb.d-nb.de abrufbar.

© **Oertel+Spörer Verlags-GmbH + Co. KG · 2015**
Postfach 16 42 · 72706 Reutlingen
3., erweiterte und aktualisierte Auflage
Alle Rechte vorbehalten
DTP und Repro: raff digital gmbh, Riederich
Druck und Bindung: Oertel+Spörer Druck und Medien-GmbH+Co., Riederich
Printed in Germany
ISBN 978-3-88627-869-5

Für Jil und Malou – ich danke euch jeden Tag!

Anja

Jil, schwarze Labrador Retriever Hündin, geboren 2006 im Kennel „Perle Aus Dem Schwabenland", und Malou, chocolate Labrador Retriever Hündin, geboren 2010 im Kennel „Labbis Of Life".

„Leben ist Lernen – Lernen ist Wissen – Wissen ist Wachsen –
Wachsen ist Geben – Geben ist Leben."
(Unbekannter Verfasser)

Inhalt

Vorwort

Als Fachkrankenschwester für Pädiatrie und Intensivmedizin sowie als Heilprak-
tikerin für Menschen und Tiere habe ich viele Menschen mit ganz unterschiedlichen Erkrankungen und Bedürfnissen kennenlernen dürfen.
Meine Berufe und die große Erfahrung mit Hunden kommen mir bei meiner
regelmäßigen Tätigkeit als Therapiehunde-Team mit meinen Hündinnen Jil und
Malou entgegen.

Seit 2010 gehen Jil und ich als geprüftes Therapiehunde-Team der Interessengemeinschaft Therapiehunde (IGTH) in den Integrationskindergarten „Kirn-
bachzwerge" in Pfrondorf bei Tübingen (www.kirnbachzwerge.de).
Das ganz Besondere dort ist, dass Kinder ab eineinhalb Jahren mit und ohne Behinderungen zusammen spielen, lernen, toben und sich am Donnerstagmorgen
gemeinsam auf Jil und/oder Malou freuen! Nicht immer sind beide Hunde mit
dabei. Meine Person ist – zugegeben – meistens nebensächlich.

Die große Hundepuppe Pia ist unter der Woche von „Der kleinen Jil" abgelöst
worden. Der Kindergarten hat eine etwas kleinere schwarze Hundepuppe für den
täglichen „Gebrauch" adoptiert. Beide Hundepuppen dienen – falls nötig – als
Stellvertreter (also Dummy) für Jil und Malou, und zwar dann, wenn die besuchten Kinder noch keinen Kontakt zu Hunden hatten und vielleicht ängstlich oder
aggressiv reagieren.

Als Stellvertreter für die Hunde fungieren Pia und die „kleine Jil".

„Tim" hat einen wichtigen Stellenwert als Hundeexperte – er wohnt ja auch mit Jil und Malou zusammen.

Auch nicht immer dabei ist „Tim", eine Kumquats®-Handpuppe, die ebenfalls ihren wichtigen Platz als Stellvertreter einnimmt. Tim macht die Kinder darauf aufmerksam, wie man Hunden begegnet, sie streichelt und ihnen ein Leckerli gibt. Er dient bei unseren Besuchen als mein Stellvertreter und ist ein immer sehr gern gesehener Freund der Kinder und Erzieherinnen geworden.
Die „richtige" Anwendung und den Einsatz der Handpuppe kann man in Kursen erlernen. Hier trifft man auf Logopaden, Ergotherapeuten und Erzieher, die sich alle der Wirkung dieses „Hilfsmittels" bewusst sind.

Jil und ich haben 2010 unsere Ausbildung und Prüfung bei der Interessengemeinschaft Therapiehunde in Böblingen/Sindelfingen absolviert. Auch Malou zeigte durch meine gezielte Förderung und Jil als „Vorbild" vom Welpenalter an hervorragende Eigenschaften für diese Tätigkeit. So stand auch für Malou mit Erreichen des zweiten Lebensjahres einer Ausbildung und Prüfung bei der IGTH in Böblingen/Sindelfingen nichts mehr im Weg.
Aber ich bin tatsächlich schon gefragt worden, warum ich mit Malou nochmal die Therapiehundeausbildung absolviert habe – ich wüsste doch, was der Hund und der Mensch so machen müssen. Nun, jeder Hund ist anders. Und somit ist auch jeder Therapiehund mit dem Menschen zusammen ein einzigartiges Team!
Ich habe es sehr genossen, auch mit meiner Zweithündin die gemeinsame Zeit und die schönen Erfahrungen während unserer Ausbildung zu erleben.

Sicher haben Sie sich schon Gedanken darüber gemacht – vielleicht gerade weil Sie aus einem medizinischen oder therapeutischen Beruf kommen –, eine Ausbildung mit Ihrem Hund zu beginnen, um Menschen zu helfen, zu unterstützen oder ihnen Freude zu bereiten.

Vielleicht haben Sie sich auch schon verschiedene andere Wirkungsbereiche angeschaut und sind am zeitlichen Rahmen, zum Beispiel bei der Ausbildung zum Rettungshund und die damit verbundene Arbeit, mit Ihrem Vorhaben gescheitert. Und so sind Sie vielleicht auf die Idee gekommen, mit Ihrem Hund als Therapiehunde-Team aktiv zu werden.

Was macht aber nun eigentlich ein Therapiehund? Ein Therapiehund arbeitet immer mit seinem Menschen in einem Team, das nach durchlaufener Ausbildung und mit bestandener Prüfung in unterschiedlichen therapeutischen Einrichtungen oder Bereichen tätig ist.

Dieses Buch soll Ihnen eine kleine Entscheidungshilfe sein, ob die Ausbildung zum Therapiehunde-Team das Richtige für Sie und Ihren Vierbeiner ist. Hier erfahren Sie, welche Voraussetzungen Mensch und Hund mitbringen müssen, was Sie und Ihr Hund schon alles können sollten, was bei der Wahl der Ausbildungsstätten zu beachten ist und wie Sie richtig Ihre Besuche planen und gestalten. Hier finden Sie auch eine Fülle von Informationen über die Ausbildung hinaus und Antworten auf viele Fragen, wie zum Beispiel, ob Ihre Hundehaftpflichtversicherung auch für einen Therapiehund bei der Arbeit haftet.

KEIN LEHRBUCH!

Dieses Buch ist aber kein Ersatz für die (theoretische) Ausbildung zum Therapiehunde-Team und kein Lehrbuch. Es soll Ihnen nur Anregungen und einen Überblick geben für die Möglichkeiten der Ausbildung und späteren Ausübung der Tätigkeit.

Sollten Sie sich für diese Ausbildung entschieden haben, freuen Sie sich, wenn Sie nach einem Eignungstest als Therapiehunde-Team bei einer gut organisierten Einrichtung eine Ausbildung absolvieren können.

Das Wichtigste sollte aber immer sein, dass Sie und Ihr Hund sich wohlfühlen. Eines der Hauptziele der Ausbildung ist es daher, dass Sie lernen, Ihren zukünftigen Therapiehund richtig zu „lesen" und somit in den verschiedenen Situationen einschätzen zu lernen!

Wir wünschen Ihnen viel Erfolg!

Anja Carmen Müller mit Jil und Malou

Allein durch die Anwesenheit von Jil wachsen manche Kinder über sich hinaus.

Als ich Anja Carmen Müller 2009 mit ihrer Jil kennenlernte, war ich von Anfang an fasziniert davon, wie sie mit ihrem Hund umging und wie viele lustige und auch sinnvolle Tricks ihre Jil damals schon beherrschte. Beide waren einfach ein gutes Team. Daher habe ich es mit Interesse verfolgt, wie sie gemeinsam völlig problemlos die Therapiehundeausbildung gemeistert haben. Und da ich davon überzeugt war, dass die beiden ein wunderbares Team sind und vielen Menschen mit ihrer Tätigkeit Freude und Abwechslung, aber auch Langzeiterfolge aus therapeutischer Sicht bieten werden, habe ich Anja gebeten, ein Buch darüber zu schreiben – mit dem Versprechen, dass ich ihr dabei helfen würde, was ich natürlich sehr gern getan habe.

Am meisten hat es mich aber berührt, als ich bei unseren gemeinsamen Foto-Shootings – zur Bebilderung dieses Buches – Anja mit Jil und Malou dabei beobachten konnte, mit welcher Geduld und Hingabe sie sich dieser ehrenamtlichen Tätigkeit widmeten. Ich habe gesehen, wie sie Zugang fanden selbst zu Schwerstbehinderten, die sonst kaum jemanden an sich ranlassen, und wie so manche der geistig und körperlich behinderten Kinder über ihre Grenzen wuchsen und bei den gemeinsamen Aktivitäten mit den Therapiehunden vor Freude strahlten.

Somit wünsche ich allen, die sich für diese Tätigkeit interessieren, dass sie später ebenso erfolgreich anderen Mitmenschen – egal welchen Alters oder welchen Gebrechens – Freude mit ihren (Therapie-)Hunden bereiten können. Dieses Buch soll ihnen hierfür ein kleiner Wegweiser und eine (Entscheidungs-)Hilfe sein.

Dr. Gabriele Lehari

Was ist ein Therapiehund?

Der Begriff Therapiehund oder auch Therapiebegleithund – einen Unterschied zwischen diesen beiden Begriffen gibt es nicht, sie bezeichnen beide dasselbe – taucht immer häufiger in den Medien auf und jeder Hundefreund wird schon mal darauf gestoßen sein. Geprüfte Teams können sich als Therapiebegleithunde bezeichnen, wenn sie keine therapeutischen Ziele mit ihren Besuchen verfolgen.

Es ist aber leider bei uns rechtlich noch nicht geregelt, wer wann und mit welchem Hund wo therapeutisch oder pädagogisch „arbeiten" darf. Dennoch ist das eine ernste Angelegenheit. Oder würden Sie jedes Mensch-Hund-Team an Ihre kleinen Kinder oder Ihren im Koma liegenden Ehepartner einfach so heranlassen wollen, ohne sicher zu gehen, dass Mensch und Hund eine bestimmte Qualifikation haben?

Der Therapiehund – ein Zufallsprodukt

An dieser Stelle möchte ich noch kurz erklären, wie es überhaupt zur „Erfindung" des Therapiehundes gekommen ist, da das Ganze mit so einer netten Geschichte verbunden ist, die wir Ihnen nicht vorenthalten möchten. Sie ist im Folgenden kurz zusammengefasst. (Der Originaltext stammt aus dem Buch von Dr. Gabriele Niepel aus dem Jahr 1998 „Mein Hund hält mich gesund".)

Es hängt vom Wesen des Hundes ab und nicht von der Rasse, ob er als Therapie-hund geeignet ist.

Angefangen hat alles mit einem Zufall – bei dem der Hund Jingles von dem Kinderpsychiater Boris Levinson die Hauptrolle spielt.

Bei einem verhaltensgestörten kleinen Jungen, der keinen Kontakt zu seiner Umwelt aufnahm, waren die zuvor angewandten Therapien alle ohne den gewünschten Erfolg geblieben. Das Kind lehnte jeglichen Kontakt zum Therapeuten ab.

Eines Tages kamen die Eltern mit ihrem Kind etwas zu früh zu ihrem Termin in die Praxis von Levinson. In dem Büro schlief noch der Retriever Jingels, der vor einem Termin sonst immer in die Privaträume gebracht wurde.

Der Hund lief freudig und schwanzwedelnd auf den kleinen Jungen zu, der gleich mit diesem redete und somit zeigte, dass er sehr wohl in der Lage war, mit seiner Umwelt Kontakt aufzunehmen.

Boris Levinson erkannte die Möglichkeit, mit seinem Hund Patienten erreichen zu können, die sonst nicht zugänglich waren. Der Idee folgte bald die Umsetzung und so wurden Hunde zu therapeutischen Zwecken gezielt eingesetzt. Die anfänglichen Bedenken wurden durch die positiven Ergebnisse bald ausgeräumt. Allerdings hat man aber mit der Zeit mehr und mehr erkannt, dass nicht jeder Hund ein Therapiehund sein kann und dass besondere Anforderungen an Wesen, Verhalten und Gehorsam an den Hund zu stellen sind, die nicht unbedingt jeder Hund erfüllen kann.

Heute gibt es vor allem zwei prinzipielle Grundformen von Möglichkeiten, wie Hunde als sogenannte „Co-Therapeuten" aktiv sein können:

- Die erste Möglichkeit: Der Hund ist „lediglich" anwesend und erzielt eine gewisse Wirkung nur durch seine bloße Präsenz. Beispiel: Leseförderung (Lesehund) und Logopädie-Praxen mit Hund(en).
- Die zweite Möglichkeit: Der Hund ist Teil eines therapeutischen Konzepts, in dem ihm bestimmte Funktionen zukommen. Beispiel: Ergotherapeutische und Physiotherapeutische Praxen, Integrationskindergärten.

Begriffserklärungen

Was ein Blindenführhund oder ein Rettungshund zu tun hat, ist allgemein bekannt. Aber wissen Sie auch genau den Unterschied zwischen einem Therapiehund, einem Besuchshund und einem Servicehund? Oder können Sie sagen, welche Aufgaben zur Tätigkeit eines Behindertenbegleithundes gehören?

Bevor wir also genauer auf die Voraussetzungen, die Ausbildung und die Tätigkeit von Therapiehunden eingehen, wollen wir hier noch kurz die verschiedenen Bezeichnungen und die genauen Unterschiede dieser speziell ausgebildeten Hunde erklären.

Nicht jeder weiß, was der Unterschied zwischen einem Therapiehund und einem Besuchshund ist.

Der Therapiehund

Ein Therapiehund arbeitet immer zusammen mit seiner festen Bezugsperson, also in der Regel mit seinem Besitzer. Dieser absolviert mit ihm die Ausbildung und legt zusammen mit ihm die Prüfung ab. Was genau zu den Aufgaben des Teams gehört und wie sich das auf die besuchten Patienten positiv auswirkt, wird später genauer beschrieben.

Der Therapiehund bietet sicher die größten „Verwendungsmöglichkeiten" für Hundeführer mit einer therapeutischen oder medizinischen Berufsausbildung, aber auch dies ist gesetzlich (noch) nicht geregelt.

So kann es also durchaus sein, dass ein ausgebildetes Therapiehunde-Team (bei welcher Ausbildungsstätte es auch immer seine Prüfung abgelegt hat) zum Beispiel bei Wachkomapatienten arbeitet, ohne dass der Mensch eine besondere Qualifikation im medizinischen Bereich mitbringen muss.

Häufig wird ein Therapiehund allerdings mit einem Besuchshund verwechselt!

Der Besuchshund

Der am häufigsten anzutreffende Besuchshund „besucht" mit Frauchen oder Herrchen zusammen Einrichtungen mit gesunden Menschen ohne therapeutischen Hintergrund. So gibt es Hunde, die seit Jahren mit ihrem Frauchen einem

Seniorenheim ehrenamtlich und regelmäßig Besuche abstatten, ohne jemals zuvor eine Ausbildung absolviert zu haben.

In diesen Bereich gehört zum Beispiel auch der sogenannte **Schulhund**. Da ist es so, dass entweder ehrenamtlich tätige Hundeführer aktiv sind oder auch Lehrpersonen ihre eigenen Hunde im Unterricht mit einsetzen.

Dies wird auch als **„Tiergestützte Pädagogik"** bezeichnet. Sie setzt einen pädagogischen Abschluss des Hundeführers voraus. Für die Tätigkeit gibt es ein pädagogisches Konzept, das die individuellen Voraussetzungen der Schüler und des Hundes berücksichtigt. Ziel ist eine individuelle Förderung der einzelnen Schüler und ein effektiveres Arbeiten in der Klassengemeinschaft.

Effektive Förderung und Motivation zum Lesen-Lernen kann mit ausgebildeten Hunden in der tiergestützten Pädagogik beobachtet werden. Aus den USA kommt ein Projekt, das sich „Book Buddies", also „Bücher-Kumpel" nennt. Hier sind es herrenlose Tierheimkatzen, die es genießen, von Kinder vorgelesen zu bekommen.

Der Servicehund

Bei Servicehunden gibt es je nach ihrem Spezialgebiet verschiedene Bereiche, für die sie ausgebildet werden. Hierzu zählen **Blindenführhunde, Behindertenbegleithunde, Epilepsiehunde, Diabetikerwarnhunde** oder **Signalhunde**.

Für viele Senioren ist der regelmäßige Kontakt zu Besuchshunden eine echte Bereicherung.

15

Behindertenbegleithunde helfen ihren Menschen, indem sie zum Beispiel eine Druckampel betätigen (a) oder einen herabgefallenen Gegenstand aufheben und bringen (b).

Die Ausbildung zu einem Servicehund ist für einen „normalen" Familienhund gar nicht möglich, da sie durch bestimmte Führhundeschulen erfolgt und sozusagen beim Welpen schon fast vom ersten Tag an beginnt.

Diese Ausbildung ist sehr langwierig und kostenintensiv. Die anerkannten Führhundeschulen wählen für die geeigneten Welpen die passenden „Pflegefamilien" aus, bei denen sie das erste Lebensjahr verbringen. In dieser Zeit müssen sie optimal geprägt und sozialisiert werden und erhalten eine fundierte Grundausbildung, wie sie eigentlich jeder gut erzogene Hund haben sollte.

Erst wenn im Alter von etwa einem Jahr die Hunde den dafür vorgesehenen Wesenstest und den Gesundheitscheck mit Bravour bestehen, beginnen sie mit der richtigen Ausbildung zum Beispiel zum Blindenführhund oder zum Behindertenbegleithund. Noch während dieser Zeit wird für jeden Hund die passende, infrage kommende behinderte Person, die er später begleiten und führen oder unterstützen soll, ausgewählt. Dann wird die Ausbildung auf das zukünftige Team ausgeweitet. Mensch und Hund müssen schließlich eine entsprechende Prüfung ablegen. Erst dann darf der Servicehund zu seinem neuen Hundeführer „umziehen".

Die Hauptaufgabe eines **Blindenführhundes** ist es, einen sehbehinderten Menschen zu navigieren und sicher auch im Stadtgebiet und im Straßenverkehr zu führen.

Behindertenbegleithunde, auch **Assistenzhunde** genannt, erledigen dagegen für ihren körperbehinderten Menschen viele Alltagsaufgaben, die sonst nicht oder nur sehr mühsam gemeistert werden könnten, wie zum Beispiel das Betätigen von Schaltern, das Öffnen von Türen oder Schubladen oder das Tragen oder Bringen von Gegenständen wie Telefon, Schlüssel oder auch mal die Brötchentüte. Häufig sitzen die betroffenen Menschen im Rollstuhl und wären in vielen Situationen ohne den Hund sehr eingeschränkt.

Epilepsiehunde werden nach Ihrer ganz speziellen Ausbildung, wie im Übrigen auch Diabetikerwarnhunde, bei den Menschen mit diesen Erkrankungen mit guter Resonanz eingesetzt. Sie können rechtzeitig anzeigen, wenn mit einem epileptischen Anfall zu rechnen ist, sodass sich Betroffene oder Angehörige entsprechend darauf vorbereiten können.

Diabetikerwarnhunde können anzeigen, wann ihr Mensch einen Unterzucker (Hypoglykämie) hat. In diesem Fall muss der Diabetiker schnell Traubenzucker oder zuckerhaltige Getränke zu sich nehmen. Auch das Auffinden und Bringen des Testgerätes (um den aktuellen Blutzuckerwert messen zu können) muss ein ausgebildeter Diabetikerwarnhund können.

Das Telefon oder Handy in die Hand zu apportieren, gehört bei den Servicehunden zum Pflichtprogramm. Hier sind es hauptsächlich Kinder, die mit ihrem „Frühwarn-Kumpel" zur Schule gehen und dadurch auch eine neu gewonnene Freiheit erleben. Sie sind nicht nur extrem „cool" mit dem Hund in der Schule oder im Kindergarten. Das Wichtigste daran ist, dass mit jedem Erfolg des Hundes es den Eltern leichter fällt, ihr krankes Kind etwas mehr in die Welt gehen zu lassen.

Signalhunde arbeiten für gehörlose Menschen. Sie werden sozusagen zum Ohr des Gehörlosen und tragen oft dazu bei, dass sich der Mensch wieder in die Öffentlichkeit wagt. Denn ein Signalhund vermittelt eine gewisse Sicherheit, wodurch sich die betroffene Person wieder mehr zutraut.

Stellen Sie sich vor, nichts zu hören oder nichts oder nur teilweise sehen zu können. Spätestens jetzt wird Ihnen der Beruf Servicehund richtig bewusst. Daher ist eine Ausbildung dieser Spezialisten enorm aufwändig und teuer und sollte nur bei sehr erfahrenen Menschen in einer Ausbildungsstätte erfolgen.

Mein Hund und ich – ein Therapiehunde-Team?

Bevor Sie sich mit Ihrem Vierbeiner zum Therapiehunde-Team ausbilden lassen wollen, sollten Sie sich vorab genauestens darüber informieren, was mit solch einer Tätigkeit auf Sie zukommt und welche Voraussetzungen Sie und Ihr Hund erfüllen müssen, um als Therapiehunde-Team erfolgreich und sinnvoll arbeiten zu können.

Was kann ich von der Ausbildung zum Therapiehunde-Team erwarten?

Leider sind in Deutschland die Ausbildung, die Prüfung(en) sowie die Kosten der Ausbildung zum Therapiehund (noch) nicht einheitlich geregelt. Daher werden Sie bei den Ausbildungsstätten – besonders wenn Sie sich im Internet kundig machen – nicht nur preislich große Unterschiede feststellen.
In den letzten Jahren sind besonders Hundeschulen mit Angeboten aus verschiedenen Bereichen in der Tiergestützten Therapie wie Pilze aus dem Boden geschossen. Da gibt es dann verschiedene Ausbildungsmöglichkeiten. Sie können wählen, ob Sie mit Ihrem Hund die Ausbildung zum Therapiehund, Besuchshund, Kindergartenhund (und sicher noch einige Bereiche mehr, die lukrativ zu sein scheinen) absolvieren möchten.
Ich empfehle Ihnen hierbei erst einmal nachzufragen, über welchen Zeitraum, wie häufig und mit wie vielen Hunden die Ausbilder diese Tätigkeit ausüben. Denn eine gute und ansprechende Homepage ist heute kein Aushängeschild mehr!

Sehr häufig wird eine Therapiehundeausbildung in verschiedene Module (siehe unten) eingeteilt. Aber auch in den einzelnen Modulen bleibt es der Ausbildungsstätte überlassen, was in welchem Umfang angeboten wird. Schön und hilfreich ist es auf alle Fälle, wenn Sie über die Ausbildungsstätte die Möglichkeiten bekommen, unterschiedliche Bereiche für Ihre spätere Arbeit mit Ihrem Hund kennenzulernen. Denn nur so können Sie auch durch das Erlernte Ihren Hund richtig „lesen" und wissen, was für Sie am besten geeignet ist.

Während meiner eigenen Ausbildungen 2010 mit Jil und 2013 mit Malou zum Therapiehunde-Team waren wir Teilnehmer nach jeder praktischen Übung in den verschiedensten Bereichen für das von unseren Ausbildern angebotene Feedback im engen Kreis sehr dankbar! Jeder konnte sich selbst äußern, was für ihn und seinen Hund bei dem jeweiligen Betätigungsfeld gut oder eben nicht so toll war. Unsere Ausbilder gaben uns als Mensch-Hund-Team immer Hilfestellung. Der Zusammenhalt einer Ausbildungsgruppe hat hierbei auch einen hohen Stellenwert. Denn die Hunde spüren, wenn es „menschelt!"

Bei vielen Ausbildungsstätten arbeitet man während der ganzen Ausbildung in einer festen Gruppe.

Module oder Ausbildungseinheiten

Das Wort „Modul" kommt in verschiedenen Fachrichtungen wie zum Beispiel in der Medizin, in der Softwaretechnik oder bei Computerspielen vor und bezeichnet einen Baustein eines größeren Systems. Bei Hochschulen wird eine Lehreinheit als Modul in einem modularisierten Studiengang bezeichnet.
Ich behelfe mir mit diesem Wort, um Ihnen strukturierter beschreiben zu können, was man am besten zusammenhängend – eben in einem Modul – bei der Therapiehundeausbildung lernen kann.

Stellen Sie sich ein Haus im Rohbau vor, das durch die tragenden Wände Sicherheit und Stabilität erlangt. Die einzelnen Module sind die tragenden Wände. Was ist also ein Modul bei der Ausbildung zum Therapiehunde-Team? Als Modul ist immer ein Bereich oder ein zeitlicher Abschnitt der Ausbildung gemeint. Ein Modul kann zum Beispiel aus mehreren Wochenenden bestehen, in denen Sie und Ihr Hund sowohl theoretisch als auch praktisch spezielle Ausbildungsziele erreichen. Eine andere Variante eines Moduls wäre auch, dass Sie sich unter der Woche an einem Abend einen Teil der theoretischen Kenntnisse aneignen und am Samstag und Sonntag das erlernte Wissen mit vielen praktisch Beispielen und Übungen umsetzen können. Ist dann ein bestimmter Themenbereich abgearbeitet, geht man zu einem weiteren Modul über, bis schließlich die Ausbildung abgeschlossen ist.

Ausbildung in einer festen Gruppe oder lieber individuell?

Bei der Auswahl der Ausbildungsstätte sollten Sie sich zuvor erkundigen, wie dort die Abläufe für die Ausbildung sind, und dann entscheiden, was zu Ihrer Persönlichkeit, Ihrer Zeitplanung und zum Wesen Ihres Hundes am besten passt.

Eine feste Gruppe

Die meisten Ausbildungsstätten bieten heute Kurse für eine „feste" Gruppe von Mensch-Hund-Teams an, die vom ersten Informationstag bis zur Abschlussprüfung zusammen ist. Das heißt, alle Teams beginnen gemeinsam mit der Ausbildung, treffen sich regelmäßig immer in derselben Gruppe und haben auch immer einen vergleichbaren Ausbildungsstand.

Vorteile
- Die Hunde kennen sich untereinander und sind daher weniger abgelenkt und schneller konzentriert bei den Trainingsstunden.
- Dasselbe gilt hier auch für uns Menschen. Müsste man sich und den Hund jedes Mal vorstellen, kann das für manchen Stress bedeuten und kostet zudem wertvolle Zeit.
- Eine feste Gruppe bietet auch Halt. Kennt man sich erst einmal etwas besser, können sich für die weiteren Tätigkeiten schon hier Teams zusammenfinden, die zum Beispiel nach Ablegen der Prüfung später gemeinsam bestimmte Einrichtungen besuchen.

Nachteile
- Man ist zeitlich an die vorgegebenen Termine gebunden.
- Wird Ihre Hündin genau in diesem Zeitraum läufig, könnte es sein, dass die sonst so wesenssichere Hündin ängstlich oder sogar zickig oder aggressiv reagiert. Bei einigen Hündinnen kann im Anschluss an die Läufigkeit auch eine Scheinträchtigkeit solche Wesensveränderungen verursachen. Gegebenenfalls ist es sogar sinnvoll, für die Zeit der Läufigkeit mit der Hündin auszusetzen, um nicht andere teilnehmend Rüden abzulenken oder in ihrer Leistungsfähigkeit einzuschränken (denn es ist ganz normal, dass ein Rüde in Anwesenheit einer läufigen Hündin weniger arbeitsfreudig ist).

Individuelle Zeiteinteilung

Wenn absehbar ist, dass man bei einer Ausbildung in einer festen Gruppe und zu festen Terminen zu häufig fehlen würde, sollte man entweder auf einen späteren Termin warten oder sich nach einer Alternative umsehen.

Denn es gibt auch die Möglichkeit, die Module entweder eins nach dem anderen oder auch in einer anderen Reihenfolge zu absolvieren und die jeweiligen Prüfungen dazu abzulegen. Hier muss man aber damit rechnen, dass man immer wieder mit anderen Mensch-Hund-Teams zusammen arbeitet.

Vorteile

- Man ist unabhängiger und kann den zeitlichen Ablauf individuell abstimmen.
- Man ist zeitlich nur bei einem bestimmten Modul festgelegt, was wiederum auch recht verschieden sein kann. In der Regel wird ein Modul innerhalb von zwei bis vier Wochenenden abgeschlossen.

Nachteile

- Sie haben häufig mit anderen Teams zu tun, wobei sich die Hunde immer neu kennenlernen müssen und vielleicht anfangs mehr abgelenkt und weniger konzentriert sind als in einer „eingespielten" Gruppe.
- Und auch Sie selbst müssen entscheiden, ob es Ihnen recht ist, häufig mit anderen Menschen in einer Gruppe arbeiten zu müssen und ob Sie es eher positiv oder negativ empfinden, immer wieder neue Menschen und deren Vierbeiner kennenzulernen.

Wenn sich die Teilnehmer schon alle kennen, muss man sich nicht bei jedem Kurstag neu vorstellen.

Aufmerksames Zuhören und Konzentration sind bei jedem Kurstag wichtig.

Informationstreffen

Immer mehr Ausbildungsstätten veranstalten für Interessierte einen Informationsabend, um erste Einblicke in die Ausbildung zu ermöglichen. Darunter verstehe ich,
dass man sich bei einem solchen Zusammentreffen als Hundebesitzer konkrete Vorstellungen machen kann, was vom Hund und von einem selbst verlangt werden muss.
Ich weiß, das Wort „muss" gefällt hier sicher einigen nicht – eben darum werde ich
Sie an meinem Hintergrund und Wissen als Tierheilpraktikerin mit viel Erfahrung
über Hunde teilhaben lassen und in diesem Buch den Schwerpunkt auf das Team
und die gemeinsame Arbeit in einem sinnvollen Bereich legen.
An dieser Stelle möchte ich noch ganz ausdrücklich darauf hinweisen, dass nicht
der Hund die Therapie macht, sondern Sie als Mensch – im Idealfall mit medizi-
nischem oder therapeutischem Hintergrund – sollten Therapieziele im Vorfeld mit
den Personen oder Einrichtungen, die Sie besuchen möchten, abstimmen.

WICHTIG!

Nur wenn das Ziel bekannt ist, kann eine entsprechende Therapie zum Tragen kommen und zu einem Erfolg führen. Ohne Therapieziel gibt es keine Therapie und somit auch kein Therapiehunde-Team.

Zukünftige Ausbilder können bei einer Informationsveranstaltung schon mal beäugt
werden und es ist nicht falsch, diese nach ihren Berufen und dem Werdegang in
einer Ausbildungsstätte zu fragen, sollte dies nicht bei der Vorstellungsrunde schon
geschehen sein. Transparenz zeigen zu können und den Hintergrund der „Arbeit" kritisch betrachtet erläutert zu bekommen, finde ich an dieser Stelle besonders wichtig.
Ausgebildete Mensch-Hund-Teams, die von verschiedenen Besuchen in allen Al-
tersgruppen berichten können, helfen Ihnen eventuell dabei zu hinterfragen, ob
dies auch Ihr Weg mit Hund sein kann.
Ich vermeide absichtlich hier das Wort „Einsätze". Denn das sind die Besuche für
mich auf keinen Fall. Es klingt nach meinem Dafürhalten sehr spektakulär und
wichtigtuerisch.
Wer glaubt, das ist es und man könne mit seinen „supersozialen Einsätzen" ange-
ben, der sollte sich erst einmal ausführlich informieren und dann entscheiden, ob es
nicht doch zu viel Arbeit und Zeit von ihm fordert.
Und dann geht es ja auch noch ums Geld. Hatten Sie sich vorgestellt, Sie bekommen
für jeden Ihrer Besuche einen festen Geldbetrag? Das kann ganz unterschiedlich sein.
Ich habe festgestellt, dass die kostspieligen Ausbildungsstätten meistens die sind,
bei denen Sie für Ihre Besuche nach bestandener Prüfung auch Geld für Ihre Leistungen, die Sie dann später erbringen, erhalten. Die eher günstigen Ausbildungsstätten sind in der Regel Verbände, in denen ehrenamtlich gearbeitet wird. Das
heißt aber nicht, dass hier die Leistung schlechter wäre!

Vor der Ausbildung

Es gibt nichts Schöneres für Mensch und Hund, als gemeinsam Freude und Spaß zu haben! Voraussetzung dafür ist eine enge Bindung – sie ist die Basis für ein gutes Team.

Jeder kann sich mit seinem Hund zu einem guten Team entwickeln. Das passiert aber nicht von heute auf morgen. Und den meisten wird es auch nicht in den Schoß fallen, mit seinem Partner Hund ein gutes Team zu sein. Sicher gibt es auch hier Ausnahmen und vielleicht werden Sie jetzt sagen: „Ich bin doch schon immer ein super Team mit meinem Hund." Man muss aber auch als Mensch einiges zur Teamfähigkeit beitragen, um gerade für die Aufgaben eines Therapiehunde-Teams zu „funktionieren"!

Hier geht es im Wesentlichen darum, dass Sie sich Ihren Aufgaben mit Ihrem Hund bewusst sind und situativ mit Verstand und Wissen für Hund und Mensch handeln können. Ihr Hund sollte mit Ihnen arbeiten wollen, es quasi anbieten.

In vielen Bereichen der Therapiehundearbeit soll ein Hund selbstständig mit dem (behinderten) Menschen Kontakt aufnehmen, ohne immer seinen Hundeführer anzuschauen und nachzufragen.

Wichtig ist hier nur, dass Sie als Bestandteil des Teams dann einschreiten müssen, wenn für Mensch und/oder Hund eine Gefahr besteht, zum Beispiel, wenn der Besuchte zu heftig und vielleicht noch gegen die Fellrichtung den Hund „streichelt". Das kann auch mit guter Vorbereitung und Wissen um die Erkrankung des besuchten Menschen durchaus mal vorkommen.

Dann ist es für Sie wichtig, Ihren Hund ruhig aus der Situation zu bringen. Vielleicht wäre es sinnvoll, den Besuch dann an diesem Tag für Ihr Team zu beenden. Gehen Sie mit Ihrem Hund am besten nach draußen, lassen ihn sich noch lösen und bringen ihn dann ins Auto. Mit dem besuchten Menschen können Sie, wenn dies die Situation ermöglicht, noch reden und vielleicht in Zukunft andere Methoden für Ihre Therapiehunde-Team-Besuche planen.

Laufen Sie anschließend nach Ihrem Besuch noch eine kurze oder auch längere Runde – mit Ihrem Hund und ohne Zeitdruck für Sie!

Als gutes Therapiehunde-Team müssen Mensch und Hund gut miteinander harmonieren.

23

Sehr hilfreich und für einen Besuch in den meisten Einrichtungen auch notwendig, ist die Anwesenheit von Menschen, die dort arbeiten und die Besuchten und deren Stärken und Schwächen sehr gut kennen.
Mit ihnen zusammen kann es sehr effektiv sein, kurze Vor- und Nachgespräche für den aktuellen Besuch einzuplanen. Einmal im Vierteljahr ist eine Rückmeldung hilfreich für Sie!

Mit Stolz kann ich sagen, dass in „meinem" Integrationskindergarten in der Regel zwei bis drei Erzieherinnen während unseres Besuchs anwesend sind. Da wir sozusagen schon im Wochenprogramm als fester Termin stehen, stoßen alle Erzieherinnen gern dazu, wenn Sie können. Auch Mamas, Papas, Omas, Opas und Geschwisterkinder waren schon begeisterte Gäste am Donnerstagvormittag!

ÜBRIGENS ...

Allein würde Ihr Vierbeiner nicht auf die Idee kommen, an einem sonnigen Nachmittag in ein Pflegeheim zu gehen und dort für die vielleicht von Ihnen gut vorbereitete Unterhaltung zu sorgen. Also bieten Sie ihm außer den Besuchen auch immer artgerechte und rassespezifische „Unterhaltung" an. Dann bleibt Ihr Team in allen Situationen auch ein solches.

Rassegerechte Beschäftigung ist der richtige Ausgleich für die Arbeit als Therapiehund.

Voraussetzungen für einen zukünftigen Therapiehund

Vorab möchte ich an dieser Stelle noch mal betonen, dass es in Deutschland weder für die Ausbildung zum Therapiehund, die Ausbilder, Prüfer noch für die Prüfungen und die Arbeit danach gesetzlich geregelte Richt- und Leitlinien gibt. Wie solch eine Therapiehundearbeit aussieht, ist also immer abhängig von den Menschen, die Ihren Hund und Sie als Therapiehunde-Team ausbilden und prüfen.

Nicht jeder Hund ist für die anstrengende Tätigkeit als Therapiehund geeignet. Das kann aber häufig nur eine fachkundige Person beurteilen und einschätzen.

Der Mensch muss darüber entscheiden, ob sein Vierbeiner als Therapiehund geeignet ist.

Hier möchte ich Sie bitten, sich Ihrem Tier zuliebe der Verantwortung zu stellen und sich nicht blind auf die Meinung anderer zu verlassen. Falls Ihr Hund tatsächlich nicht als Therapiehund geeignet ist (siehe „Eignungstest" Seite 42 ff.), wird eine gute Ausbildungsstätte Sie beziehungsweise Ihren Hund ablehnen und Ihnen genau erklären, warum er nicht den Anforderungen entspricht. Seien Sie dann nicht traurig oder verärgert, sondern im Gegenteil dankbar dafür, dass eine kompetente Person sich intensiv mit Ihnen und Ihrem Hund befasst hat und Sie vielleicht davor bewahrt, später frustriert oder enttäuscht die Ausbildung abzubrechen, weil Ihr Hund überfordert ist oder die Prüfung nicht besteht.
Welche Voraussetzungen ein zukünftiger Therapiehund erfüllen soll, ist aber sehr schwierig zu sagen, da es hierfür gar keine einheitlichen Richtlinien gibt. Nirgendwo ist festgelegt, was ein Hund mitbringen und nachher können sollte. Daher möchte ich an dieser Stelle meine persönliche Empfehlung aussprechen.

Hier sind die Voraussetzungen aufgeführt, die Ihr Vierbeiner unbedingt erfüllen sollte:
- Der Hund ist ausgeglichen im Wesen und besitzt eine hohe Reizschwelle.
- Der Hund liebt es, mit Ihnen zu arbeiten, und genießt den Kontakt zu anderen Menschen (zum Beispiel um gestreichelt zu werden).
- Der Hund ist gesund und geht auch nur zur „Arbeit", wenn er fit ist.
- Der Hund ist gut gepflegt und frei von Parasiten.
- Der jährliche Gesundheitsscheck beim Tierarzt und die erforderlichen Impfungen erfolgen regelmäßig.
- Der Hund ist kontrollierbar (auch bei Hundebegegnungen) und Sie können Ihn an lockerer Leine gut führen.

■ Souverän meistert er sowohl optische als auch akustische und haptische Reize.
■ Der Hund ist lernfreudig, aufmerksam und lässt sich immer ansprechen.
■ Der Hund kann sich gut und schnell entspannen.

Für einen Therapiehund im Speziellen bedeutet das:
■ Der Hund kann sich Situationen schnell anpassen. Das heißt, wenn in der Nähe des Hundes plötzlich jemand schreit, Menschen im Rollstuhl sitzen, sich auf eine für den Hund unbekannte Art fortbewegen oder vielleicht auch noch wild mit Tüchern winken (dies sind nur einige Beispiele), darf der Hund weder panische Angst noch Aggression zeigen, sondern sollte sich relativ schnell daran gewöhnen und gelassen damit umgehen.
■ Der Hund sollte auch mit für ihn fremden Menschen ordentlich an der Leine laufen.
■ Der Hund muss Futter vorsichtig aus der Hand aufnehmen und darf nicht nachschnappen.
■ „Nein" ist das allerwichtigste Wort, das der Hund kennen und verstehen muss. Egal, was er gerade tut oder vorhat zu tun, auf dieses Kommando hin sollte er sein Verhalten sofort abbrechen. Hierfür können Sie natürlich auch ein anderes Wort nehmen, Hauptsache, der erwünschte Handlungsabbruch erfolgt – und zwar zu jeder Zeit und in jeder Situation. (Wie Sie das Ihrem Hund beibringen, wird später auf Seite 72 f. beschrieben.)

Hierzu ein Beispiel: Eine blutdrucksenkende Tablette liegt auf dem Boden des Raumes. Vielleicht hat die ältere Dame mal wieder alles in die Handtasche gestopft und die Tablette ist beim Suchen nach dem Taschentuch mit herausgekullert.

Was kann passieren? Vielleicht hat der Hund die Tablette entdeckt und will sie aufnehmen. Da es natürlich immer sehr fraglich ist, welche Wirkung solch ein Medikament bei einem Hund erzielen kann, ist in diesem Fall Ihre Vorsicht und Voraussicht geboten, damit der Hund nicht schneller ist und die Tablette verschluckt. Daher ist es wichtig, dass er das Kommando „Nein" zuverlässig beherrscht und Sie es auch rechtzeitig anwenden. So lassen sich mögliche negative Folgen vermeiden.

Ein Therapiehund muss Futter von allen Personen vorsichtig aufnehmen, ohne zu schnappen.

MINDESTALTER

In der Regel ist das Mindestalter für die Begleithundprüfung 15 Monate. Ideal ist es, dass ein Hund erst mit der Thera- *piehundeausbildung beginnt, wenn er mindestens zwei Jahre alt ist. Bei der IGTH ist das zum Beispiel so festgelegt.*

- Das Hochspringen an Menschen ist tabu! Bei größeren Rassen können dadurch nicht nur Ängste bei Menschen entstehen, sondern auch schnell Verletzungen erfolgen (siehe auch Krallenpflege und Krallenschutz für Therapiehunde auf Seite 105 f.).
- Eine bestandene Begleithundprüfung, egal von welchem Verband oder nach welcher Prüfungsordnung, ist für mich eine Voraussetzung dafür, dass bei einem Hund, der ohnehin eine enge Bindung zu seinem Menschen hat und auch Fremden gegenüber offen und freundlich ist, mit der Therapiehundeausbildung begonnen werden kann.

Nach bestandener Begleithundprüfung sind dem Hund die Unterordnungsübungen wie Sitz, Platz, Bleib und Bei-Fuß-Gehen bekannt und werden ohne Probleme ausgeführt. Ebenso sollte der Hund das Ablegen, auch unter Ablenkung oder für einen längeren Zeitraum (einige Minuten), zuverlässig beherrschen. Denn wenn ein gefestigter Grundgehorsam besteht und der Hund in der Regel zuverlässig zu kontrollieren ist, haben Sie schon ein wertvolles Grundgerüst für die weitere Ausbildung zum Therapiehund.

Wenn es Menschen – egal ob jung oder alt – einmal nicht so gut geht, kann auch der eigene Hund Trost spenden.

Wie wirken Hunde auf uns Menschen oder was können sie Positives bewirken?
- Sie können im Alltag und in einer Therapie Eisbrecher, Türöffner, Brückenbauer – für ihre eigenen und auch für fremde Menschen – sein.
- Kinder schätzen an Hunden, dass sie nichts weitererzählen!
- Allein durch die Anwesenheit eines Hundes kann eine Gruppe zur Ruhe kommen (gutes Beispiel hierfür ist der Schulhund).
- Ältere und sehr kranke Menschen genießen das kuschelige Fell und das Streicheln des Hundes. Über den Körperkontakt kann auch eine innere Ruhe und Entspannung entstehen. Die Muskulatur lockert sich und im besten Fall benötigen Menschen weniger oder keine Schmerzmittel nach einem Besuch.
- Kommunikativ können Hunde auch wirken! Einsame Menschen, die mit einem Hund unterwegs sind, können davon berichten. Auch bei Besuchen merkt man, dass das Thema Hund für einen scheinbar nie endenden Gesprächsstoff sorgt.
- Da Hunde vorurteilsfrei sind, fühlen sich benachteiligte Menschen manchmal wohler mit ihnen als mit Menschen.

Das autonome, also selbstständige Arbeiten wie hier zeichnet einen guten Therapiehund aus.

Was natürlich absolut selbstverständlich sein sollte: Ihr Hund muss gesund und fit sein!

Klar, werden Sie sagen, ich arbeite nur, wenn wir beide gesund sind! Es ist aber doch wie überall: Wer für eine Tätigkeit bezahlt wird, hat einen gewissen Druck, die Leistung zu erbringen: „Wir bezahlen Sie ja auch dafür, dass Sie mit Ihrem Hund kommen!" Da nimmt man vielleicht schon mal in Kauf, dass man selbst oder der Hund nicht ganz so fit ist wie sonst. Hier sollten Sie aber auf alle Fälle im Sinne Ihres Hundes entscheiden. Bitte denken Sie immer daran, dass Ihr Hund von sich aus nicht absagen kann!

Somit ist es von großem Vorteil, wenn man ehrenamtlich tätig ist, da es einem dann leichter fällt, einen Termin abzusagen, wenn man selbst oder der Hund nicht ganz fit ist.

Die Vorteile meines Ehrenamtes als Therapiehunde-Team im Kirnbachkindergarten überwiegen für mich und ich weiß, dass meine Arbeit mit Jil und Malou von Eltern, Großeltern, Erzieherinnen, Ergotherapeutin, Logopädin und den Kindern selbst sehr geschätzt wird.

RESÜMEE

Zusammenfassend kann man sagen: Ein freundlicher Hund, der gern mit Menschen in Kontakt tritt, sich schnell an ungewohnte Situationen anpassen kann, gesund und gepflegt ist, ein ruhiges, ausgeglichenes Wesen besitzt und die wichtigsten Unterordnungskommandos beherrscht, ist grundsätzlich für die Ausbildung zum Therapiehund geeignet. Damit er nicht überfordert wird, sollte der Hund körperlich und geistig ausgereift sein und daher nicht vor einem Alter von etwa zwei Jahren eine Therapiehundeausbildungsstätte besuchen. Vorbereitende und prägende Situationen können gut und altersentsprechend dosiert geübt und langsam gefestigt werden, wenn der Welpe oder Junghund es anbietet.

Es ist ähnlich wie beim Menschen: Vor der Ausbildung kommen der Kindergarten, die Grund- und dann die weiterführende Schule mit Abschluss, beim Hund also die Welpengruppe, der Junghundekurs und im Idealfall zum Schluss die Begleithundprüfung vor der Ausbildung zum Therapiehund.

Was muss der Mensch mitbringen?

Nicht nur der Hund, auch der Mensch muss bestimmte Eigenschaften und Voraussetzungen mitbringen, um für ein Therapiehunde-Team geeignet zu sein. Hierzu zählen fundierte Kenntnisse über das Wesen und Ausdrucksverhalten von Hunden allgemein und ganz speziell von seinem eigenen Hund sowie eine klare und realistische Einschätzung über dessen Bedürfnisse.

Bevor Sie sich dafür entscheiden, die Ausbildung zum Therapiehunde-Team zu beginnen, sollten Sie zuvor folgende Fragen beantworten und sich dann überlegen, ob diese Tätigkeit das Richtige für Sie und Ihren Hund ist:

- Welche Beweggründe veranlassen mich zu gerade dieser Arbeit mit meinem Hund?
- Kann ich meinen Hund richtig „lesen" und bin ich bereit, daran zu arbeiten?
- Habe ich die Zeit und Lust, meinem Hunde-Partner neben dieser Tätigkeit noch ein oder mehrere artgerechte „Hobbys" zum Ausgleich bieten zu können?
- Habe ich die nötige Energie, diese Arbeit mit meinem Hund nach der bestandenen Ausbildung nicht nur für kurze Zeit, sondern längerfristig auszuüben?
- Bin ich gesund und sind keine Krankenhaus- oder Kuraufenthalte in der Zeit der anspruchsvollen und wichtigen Ausbildung bei mir geplant?
- Habe ich genügend Verantwortung für mich selbst und meinen Hund, jederzeit, wenn es für einen von uns nicht passt, die Ausbildung zum Therapiehunde-Team abzubrechen?
- Bin ich kritikfähig und kann selbst gut mit konstruktiver Kritik umgehen?
- Kann ich auf Menschen zugehen, denen ich zum ersten Mal begegne?
- Habe ich schon eine positive Ausstrahlung und kann Menschen, egal welchen Alters, welcher Herkunft, Religion oder Erkrankungen, offen mit meiner Therapiehundearbeit begegnen?
- Bin ich flexibel für meinen Hund und die Besuchten, wenn mal alles anders kommt und die gute Vorbereitung nicht passt?

Welches Ziel haben Sie?

Vorab sollten Sie sich also auf alle Fälle selbst fragen, warum Sie mit Ihrem Hund eine Therapiehundeausbildung beabsichtigen. Denn es kann hierfür so viele verschiedene Gründe geben, wie es Menschen gibt, die dies tun möchten. Entsprechend Ihrer Ambitionen sollten auch die Ausbildungsstätte und die Vorgehensweise bei der Ausbildung gewählt werden.

Um einen Therapiehund als solchen bezeichnen zu können, sollte zumindest ein therapeutisches Ziel von Ihnen vorab ausgearbeitet sein. Konkret bedeutet das, sich mit den Krankheitsbildern, die einem bei der Arbeit in der selbst ausgewählten Einrichtung begegnen, und dem Machbaren zu beschäftigen und eventuell auch berufsübergreifend zusammen mit Physiotherapeuten, Logopäden, Ergotherapeuten, Pädagogen, Psychologen, Erziehern, Pflegepersonal und Ärzten ein gemeinsames Ziel zu erarbeiten.

Ebenso müssen Sie sich überlegen, was Sie und Ihr Hund am schönsten finden oder was Ihnen mit Ihrem Partner Hund während Ihrer Ausbildung oder vielleicht sogar bei einer Hospitation im Rahmen einer Ausbildung sehr gut gefallen hat. Möchten Sie später zum Beispiel eher bei Kindern möglichst in näherer Umgebung arbeiten oder doch lieber auf einer Komawachstation, die aber vielleicht 30 km entfernt ist?

Dementsprechend können Sie schon über die Frequenz der Besuche nachdenken. Vielleicht ist Ihre Ausbildungsstätte Ihnen dabei behilflich. Sie sollten auch berücksichtige, dass Sie höchstens etwa 30 Minuten am Stück mit einem Hund arbeiten können.

DER HUND IST KEIN THERAPEUT

Für mich und viele Therapiehundebesitzer ist es wichtig, dass man sich dessen bewusst ist, dass nicht der Hund die Therapie macht! Denn ich werde immer wieder gefragt: „Was macht denn Ihr Hund für eine Therapie?"

Die klare Antwort lautet: „Der Hund ist kein Therapeut." Oder banal gesagt: Er ist „nur" ein Hilfsmittel.

Richtiger Umgang mit Menschen

Sie als Mensch agieren, ob zusammen mit anderen Hund-Mensch-Teams oder allein, und nicht der Hund. Sie werden gefordert und tragen Verantwortung für Ihr Tun bei dieser schönen und wichtigen Tätigkeit. Dessen müssen Sie sich immer bewusst sein, wenn es darum geht, wie Sie mit besuchten Personen umgehen, mit ihnen reden, sie körperlich und seelisch berühren.

Das heißt, Sie dürfen alte Menschen und Menschen mit Behinderungen nicht bevormunden oder gar in der Kindersprache mit ihnen reden. Versuchen Sie, gerade älteren Menschen Abwechslung anzubieten und dabei Ihre therapeutischen Ziele nicht aus den Augen zu verlieren. Bei Kleinkindern und Demenzkranken ist es dagegen wichtig, dass Wiederholungen, zum Beispiel der Spiele, mit dem Hund zusammen durchgeführt werden.

Eine der Voraussetzungen für den Zweibeiner im Therapiehunde-Team ist der liebevolle Umgang mit Menschen – ob mit oder ohne Behinderung.

31

Menschen, die Sprachprobleme haben, sollten Sie aussprechen lassen und nicht die Sätze schnell für Sie vervollständigen – denn das führt in der Regel zu Frust bei den Betroffenen. Lassen Sie sich einfach Zeit.

AUCH „NEIN" SAGEN KÖNNEN

Sie müssen auch bereit sein, Ihre Forderungen in Einrichtungen kundzutun und „Nein" zu sagen. Sonst werden Sie vielleicht bald schon vor Ihrem Besuch dabei helfen, Essen auszugeben oder die Bedürftigen auf die Toilette zu bringen, was nichts mit Ihrer Tätigkeit als Therapiehunde-Team zu tun hat und über die Grenzen hinausgeht.

Körperliche Fitness
Sie sollten gesund und körperlich so fit sein, dass Sie Ihren Hund jederzeit halten können. Denn denken Sie daran, in manchen Einrichtungen gibt es einen Kleintierstreichelbereich. Das heißt, es werden kleine Heimtiere wie Vögel, Meerschweinchen, Kaninchen und Ähnliches in bestimmten Räumlichkeiten gehalten, zu denen die Bewohner Zugang haben. Und da kann es natürlich vorkommen, dass es Ihren Hund doch plötzlich einmal zu den anderen Tieren in ungewohnter Umgebung im wahrsten Sinne des Wortes hinzieht.

Positive Einstellung
Fröhliche Menschen haben es leichter! Stellen Sie Ihre Sorgen und die verbundenen Erfahrungen, die Sie eventuell mit der schwer pflegebedürftigen Mutter gemacht haben, nicht in den Vordergrund. Viele Menschen möchten Ihre persönlichen Geschichten nicht hören und die Zeit mit Ihnen und Ihrem Hund für sich

EMPATHIE

An dieser Stelle findet der Begriff Empathie seine Verwendung. Damit bezeichnet man die Fähigkeit, Gefühle, Gedanken und Wesensmerkmale eines anderen Menschen – oder auch eines Tieres – zu erkennen und richtig einzuschätzen. Dies führt dazu, dass man Mitleid, Trauer oder Schmerz mitempfindet und dadurch ein Bedürfnis entsteht, dem anderen zu helfen. Wissenschaftler gehen auch davon aus, dass Empathie die Voraussetzung für ein soziales und moralisches Verhalten darstellt. Man kann Empathie auch kurz als Einfühlungsvermögen bezeichnen. Und gerade in Berufen, die etwas mit Psychologie und Pädagogik bis hin zu Teamführung und Management zu tun haben, ist diese Fähigkeit besonders wichtig – also auch für ein Therapiehunde-Team, das seinen Job gut machen will.

in diesem Moment genießen. Seien Sie sich dessen einfach bewusst und berücksichtigen Sie dies.

Der Hund geht vor

Bleiben Sie bitte für Ihren Hund offen. Wenn Sie merken, dass er diese Arbeit – warum auch immer – nicht mehr machen möchte, dann lassen Sie es sein!

In meiner Praxis hatte ich zum Beispiel eine junge Hündin kennengelernt, die als Rettungshund eine sinnvolle Aufgabe von Ihrem Besitzer bekommen hatte. Er war sehr stolz darauf und hat mir den „Beruf" seiner Hündin noch vor derem Namen ausführlich geschildert.

Vergessen Sie nie: Der Hund ist „nur" der Co-Therapeut!

Schlecht für den jungen Hund war nur, dass man ihn nicht gefragt oder mal genau beobachtet hatte. Denn wenn die immer gleichen Utensilien für die Ausbildung oder das Training an der Garderobe in die Hand genommen wurden, verkroch sich der Hauptakteur unterm Tisch und war gar nicht bereit, zu seiner „Arbeit" zu gehen. Der Besitzer kam wegen Hautproblemen in meine Tierheilpraxis, die sich mit der „Berufsänderung" zum Familienhund schlagartig besserten.

KEINE ALTERSGRENZE

Es gibt keine Altersgrenze, wann Therapiehunde in den Ruhestand gehen. Solange Ihr Hundesenior Freude an „seiner" Arbeit zeigt, ist es eine sinnvolle Beschäftigung für erfahrene Therapiehunde. Allerdings gibt es bei den meisten Ausbildungsstätten eine obere Altersgrenze, ab wann ein Hund nicht mehr in der Ausbildung zugelassen wird.

Den Hund richtig „lesen"

Bisher haben Sie als Hundeführer schon viel über Ihren Hund gelernt und können sicher abschätzen, wann sich Ihr Hund nicht mehr konzentrieren kann oder ob er vielleicht in bestimmten Situationen überfordert ist. Denn nur wer seinen Hund richtig „lesen" kann, ist später der ideale Team-Partner, der den Vierbeiner, wenn es nötig ist, aus einer Situation herausnehmen kann. Auch hier ist wieder der Mensch dafür verantwortlich, den Hund vor negativen Erlebnissen oder Überforderungen zu schützen.

Ist ein Hund erschöpft oder überfordert, muss er aus bestimmten Situationen herausgenommen werden.

Es ist äußerst wichtig, seinen Hund zu „lesen" und die Situation für sich und das Tier richtig und vorausschauend einschätzen zu können. Dies muss immer wieder betont werden. Aber auch fremde Hunde sollte man richtig lesen können.

Hierfür muss der Mensch besonders die Körpersprache und speziell die Signale eines gestressten, überforderten oder unsicheren Hundes richtig deuten können, da sie eine Menge darüber aussagen, was der Hund empfindet und ob wir in der entsprechenden Situation eingreifen müssen. Bei diesen Signalen handelt es sich nicht ausschließlich um die sogenannten Beschwichtigungssignale, die unter dieser Bezeichnung heute gern in dem Zusammenhang genannt werden. Es handelt sich ebenso um verschiedene Übersprungshandlungen. Damit gemeint sind Verhaltensweisen, die plötzlich eine Handlungskette unterbrechen, in dieser Situation aber völlig sinnlos sind und ihre biologische Funktion nicht erfüllen.

Nicht immer will der Hund damit beschwichtigen, denn das würde ja bedeuten, dass er einen ranghöheren Gegner oder einen bedrohlichen Feind milde stimmen möchte. Fühlt sich der Hund aber durch die von ihm verlangten Aufgaben überfordert oder gestresst – wie es bei der Therapiehundeausbildung und -arbeit durchaus sein kann –, wird er diese Signale zeigen. Somit ist sehr wichtig für jeden Hundeführer, dass er schon die kleinsten Anzeichen solcher Signale erkennt, richtig interpretiert und rechtzeitig die Situation entschärft, damit der Hund nicht durch negative Erlebnisse oder Überforderung den Spaß an der Arbeit verliert. Denn wird er regelmäßig überfordert, ist es nur eine Frage der Zeit, wann er seine Mitarbeit einstellen wird und vielleicht überhaupt nicht mehr für das gemeinsame Tun – ob während der Ausbildung oder später bei der aktiven Tätigkeit – zu motivieren ist.

Signale, die Anzeichen für Stress oder Überforderung eines Hundes sein können, sind:

- Gähnen
- Sich-Kratzen
- Über-die-Schnauze-Lecken
- Abwenden oder Wegschauen
- Belecken oder Benagen der Pfote(n)
- Rute-Jagen

Einige der typischen Signale für Überforderung können sein Gähnen (a), Sich-Kratzen (b), Über-die-Schnauze-Lecken (c), Abwenden (d), Belecken der Pfote (e) und das Jagen der Rute (f).

Ist der Hund stark gestresst, können die Anzeichen sogar ernste körperliche Symptome sein, die auch später noch auftreten, wie

- Zittern
- übermäßiges Hecheln
- Sabbern
- plötzliche Schuppenbildung
- Appetitlosigkeit
- Durchfall oder Erbrechen
- erhöhter Puls
- unangenehmer Körpergeruch
- Mundgeruch

Wenn solche Symptome in Verbindung mit der Tätigkeit als Therapiehund auftreten, ist es höchste Zeit, den Hund erst einmal pausieren zu lassen und herauszufinden, was die genaue Ursache für den Stress ist. Denn auch wenn Ihr Hund vielleicht anfangs gut mitgearbeitet hat, kann es durchaus sein, dass irgendwann seine Grenze erreicht ist und er durch die von ihm gewünschte Leistung wirklich überfordert ist. Schnell können auch viel zu viele „Kommandos" hintereinander, wie zum Beispiel bei einem Spiel, bei dem der Hund einen Gegenstand in ein Körbchen legen soll und gar nicht mehr zu wissen scheint, was er da machen muss, einen ansonsten souveränen Hund überfordern.

Druck auf den Hund und oder sich selbst auszuüben, ist hier fehl am Platz, denn das kann durchaus eine Stressreaktion beim Hund auslösen. Manche Menschen wollen alles perfekt machen und dann kommt sehr schnell Druck für den Hund mit ins Spiel! Auch in Anwesenheit von fremden Hunden, die neu in der Ausbildung sind, kann es zu diesen Symptomen kommen (vor allem bei Ausbildungsgruppen mit individueller Zeiteinteilung, wie sie zuvor beschrieben wurden).

Wer genau hinsieht, kann bald schon die Signale frühzeitig erkennen und seinen Hund aus der Situation herausnehmen.

ERKANNT?

Beim Lesen des Textes oder Anschauen der Fotos haben Sie sicher gleich die typischen Signale Ihres Hundes „erkannt". Wenn Sie schon wissen, wie Ihr Hund auf Stress reagiert, dann können Sie noch besser darauf achten, wenn er genau dieses Verhalten zeigt, und entsprechend reagieren.

Den Hund nicht überfordern!

Im Laufe meiner Befragungen zu diesem Buch habe ich mich mit verschiedenen Berufsgruppen getroffen und ausgetauscht. Therapiehunde-Teams, die ihre Arbeit seit Jahren in einer Regelmäßigkeit ausführen, sowie verhaltenstherapeutisch arbeitende Fachleute sehen die nicht gesetzlich geregelte Therapiehundeausbildung zum Schutz des Hundes auch eher kritisch. Denn nur wer genügend Fachkenntnisse besitzt, kann dafür Sorge tragen, dass sein Hund bei der Arbeit nicht überfordert wird.

Und übrigens: Auch völlig „coole" Hunde brauchen einen Besitzer mit diesem Wissen! Hier ein Beispiel: Wenn Sie später mit Menschen, vor allem Kindern, mit mehrfachen Behinderungen Kontakt haben, bedeutet dies, dass auch häufig mal ein lauter, schriller Schrei von diesen Personen kommen kann. Klar erschrickt man meistens selbst kurz, vor allem, wenn es so plötzlich kommt. Bleiben Sie trotzdem gelassen und vermitteln Sie, die „Ruhe selbst zu sein". Ist Ihr Hund in der Situation gestresst, gehen Sie ein kleines Stückchen in die andere Richtung und versuchen Sie auf keinen Fall, den Hund zu bemitleiden. In diesem Fall sollten Sie ihm auch keine Leckerlis geben. Der Grund dürfte Ihnen einleuchten: Sie würden sonst in diesem Moment die Angst oder im schlimmeren Fall die Panik bestätigen.

Übermäßiges Hecheln und Sabbern sind schon Anzeichen für körperliche Stresssymptome.

Achten Sie immer auf Ihren Hund und versuchen Sie, sich Ihrer Körpersprache und Ihrer Haltung bewusst zu sein!

Ich konnte eine Situation beobachten, in welcher die Besitzerin eines in Stress geratenen Hundes ganz vergaß, dass es keine Schande ist, das Lebewesen Hund auch aus Situationen ganz herauszunehmen. Sie brachte den noch ganz verstörten „Lehrling" erneut zu dem Menschen, der zuvor geschrien hatte. Es war keine böse Absicht – aber wir dürfen unseren Therapiehund nie überfordern oder ignorieren.

Eine klare und ernst gemeinte Körpersprache und Haltung des Menschen seinem Hund gegenüber sind häufig besser als viel Gerede!

37

AUTONOMES ARBEITEN

Von großer Wichtigkeit für den Therapiehund ist das „autonome", also selbstständige Arbeiten. Das soll aber den Therapiehundeführer nicht ausgrenzen, sondern ganz im Gegenteil: Es fördert ihn, seinen Gefährten Hund gut zu beobachten und ihn so gut zu kennen, dass man so manches schon voraussagen kann, was „Hund" gleich machen wird. Ich sehe es meinen beiden Labrador-Mädels oft schon an der Körperspannung oder der Ohrenstellung an, was sie gerade „denken" oder vorhaben zu tun. Dass beide jedes Wort, was ich sage, verstehen, habe ich noch nie angezweifelt! An seiner eigenen Körpersprache zu arbeiten, um dann für seinen Therapiehund klar lesbar zu sein, ist eine der schönsten Lernziele für ein gutes Team!

Prägung und Wahrnehmung

Bevor Sie mit der richtigen Ausbildung bei Ihrem Hund beginnen, können Sie schon ab dem Welpenalter sinnvolle Übungen in den Alltag mit einbauen. Einige Beispiele hierfür werden in diesem Buch vorgestellt. Sie können aber dieselben und vergleichbare Übungen ebenso durchführen, wenn Ihr Hund schon älter ist oder wenn Sie ihn vielleicht sogar aus dem Tierschutz übernommen haben. Denn ob Sie nun der glückliche Besitzer eines Rassewelpen oder eines erwachsenen, verängstigten und kaum geprägten Mischlings aus dem Süden sind, spielt in diesem Buch keine Rolle. Ganz im Gegenteil: Nutzen Sie gerade für verunsicherte Hunde, die vielleicht auch schon im Erwachsenenalter sind, dieses Angebot an un-

Der Mensch muss seinem Hund Sicherheit vermitteln, um ihn langsam an neue Situationen heranzuführen.

MIT ALLEN SINNEN

Der Hund nimmt seine Umwelt mit denselben Sinnen wahr wie wir Menschen. Allerdings unterscheiden sich Bedeutung und Leistung der einzelnen Sinnesorgane von Hund und Mensch sehr stark. Für uns Menschen ist das Sehen am wichtigsten, gefolgt von Hören, Riechen, Tasten und Schmecken. Der Hund als Nasentier nimmt seine Umwelt dagegen vor allem durch sein hervorragendes Riechorgan wahr, gefolgt von den feinen Ohren, die noch ganz andere Frequenzen wahrnehmen können als wir Menschen. Erst an dritter Stelle steht beim Hund das Sehen, wobei er in unmittelbarer Nähe alles nur unscharf erkennt und auf die Ferne vor allem das Bewegungssehen von Bedeutung ist. Die taktile Wahrnehmung erfolgt beim Hund über die Pfoten, mit denen er verschiedene Oberflächen und Materialien ertasten kann. Der Geschmackssinn hat für einen Hund nur nebensächliche Bedeutung. Über weitere Sinne werden Temperatur, Schmerz, Gleichgewicht und Körperempfindung wahrgenommen.

Wenn Ihr Vierbeiner immer wieder mit neuen Eindrücken in Verbindung seiner Ausbildung zum Therapiehund und der späteren Tätigkeit konfrontiert wird, spielen vor allem die ersten vier Sinne eine wichtige Rolle.

Bedenken Sie, dass durch die verschiedenen Sinnesorgane der Hund sozusagen mit einer riesigen Menge an Reizen überflutet wird, die er dann erst mal im Gehirn verarbeiten muss. Daher dürfen Sie nicht unterschätzen, wie sehr solch ein Training und später auch die Arbeit als Therapiehund Ihren Vierbeiner anstrengen. Spätestens nach einer halben Stunde intensiven Arbeitens sollte der Hund die Möglichkeit haben, sich zu erholen.

terschiedlichen Eindrücken, um sie daran zu gewöhnen und zu sozialisieren.

Richtige Prägung der Welpen

Seriösen Züchtern ist es ein großes Anliegen, ihre Hundewelpen frühzeitig mit vielen optischen, haptischen und akustischen Reizen zu prägen. Seien auch Sie kreativ und beginnen Sie am besten schon im Welpenalter, Ihren Hund wohl dosiert an verschiedene (Umwelt-)Reize zu gewöhnen. Konfrontieren Sie den Welpen auch mit verschiedenen Untergründen. Der Markt bietet sogar kynologische Welpenprägungsspiele an.

Der Geruchssinn bleibt für einen Hund bei der Wahrnehmung seiner Umwelt immer am wichtigsten.

39

Welpen sollten so früh wie möglich mit verschiedenen Untergründen und Gegenständen zum Wahrnehmen und zur Verbesserung der Feinmotorik konfrontiert werden.

Wenn ein Welpe schon bunte, flatternde Bänder kennenlernt, wird er später kein Problem haben, durch die Flatterbänder auf dem Hundeplatz zu laufen.

Sie können aber auch auf Ihrem Speicher oder Keller schauen, was noch an Kinderspielzeugen – besonders solche, die auch Musik oder Geräusche von sich geben – da ist, um für Übungen mit dem Hund noch einmal Verwendung zu finden. Auch Flohmärkte bieten hier eine gute und günstige Alternative. Vielleicht haben Sie auch so nette Nichten, Neffen und Nachbarn wie ich, die ihre geeigneten Kinderspielsachen an meine Hunde und mich verschenken.

Es macht großen Spaß, neue Spiele zu kreieren oder die im Handel angebotenen auszuprobieren. Außerdem kann man so auch gut beobachten, dass jeder Hund auf ganz unterschiedliche Art spielt.

Ältere Hunde, die schon im Welpenalter gelernt haben, mit Menschen oder allein zu spielen, tun dies auch später mit großer Freude und sollten zeitlebens darin gefördert werden.

ACHTUNG BEI WELPENSPIELGRUPPEN

Achten Sie darauf, die richtige Welpengruppe auszusuchen. Denn hier können durch Unachtsamkeit und Unwissenheit der Trainer schon erste Fehlverknüpfungen für den Welpen ablaufen. Für die Kleinsten unter den Caniden kann es in manch einer Welpenstunde der Horror sein, mit großen Rassen zusammen zu spielen und zu lernen – und für Frauchen und Herrchen sicher auch so manches Mal. Wichtig für Sie: Welpenspielgruppen müssen allen Spaß machen und für alle eine positive Erfahrung sein. Und für Kleinhunde gibt es schon eigene Welpen(spiel-)gruppen.

Sie können mit Ihrem Hundekind auch selbst viel unternehmen und mit ihm seine Welt erkunden. Hierbei ist wichtig, dass Sie altersentsprechende Ausflüge gut dosiert planen und den Welpen nicht überfordern! Auch die Dauer der Unternehmung sollte sich nach dem Alter des Hundes richten.

Mit Ausflügen meine ich hier nicht, dass Sie stundenlang laufen, sondern zum Beispiel andere Tiere wie Pferde, Kühe oder Schafe auf einem Hof besuchen und kennenlernen. Baustellen und Baumaschinen sind eine akustische und optische

Herausforderung für einen jungen Hund. Und man sollte sich auch mit anderen Hunden und deren Besitzern treffen, denn so lernt Ihr Kleiner, wie man sich Artgenossen gegenüber richtig zu verhalten hat.

Manchmal muss man gar nicht weit gehen oder fahren, um Spannendes und Neues für das Hunde-Mensch-Team zu erleben. Und auch für Hunde, die Sie nicht vom Welpenalter an bei sich haben, können Sie diese Anregungen für Lern-Ausflüge dosiert gestalten.

Eignungstest

Wie der Name schon sagt, wird hier die Eignung des Hundes für seine späteren Aufgaben getestet. Außerdem erfährt man in diesem Zusammenhang, was der Hund unbedingt als Qualifikationen schon mitbringen muss. Besonderen Wert sollte bei einem Eignungstest auf das Hund-Mensch-Team gelegt werden. Die Teamfähigkeit und der Umgang miteinander sollten von den Ausbildern/Prüfern beachtet werden. Eine enge Bindung, die weder Mensch noch Hund einengt, muss für diese Tätigkeit vorhanden sein. Im Folgenden wird aufgeführt, was zum Eignungstest gehört.

WER NIMMT DIE PRÜFUNG AB?

Wer einen Eignungstest und eine Prüfung abnimmt, wird in den Verbänden intern festgelegt. Das heißt, es gibt auch hier (noch) keine einheitlichen Regelungen.

Wünschenswert sind dabei Personen, die nicht nur ein großes kynologisches Wissen haben, sondern auch eine sehr gute Menschenkenntnis!

Untersuchung am Hund beim Eignungstest

Diese Übung ist sehr wichtig, da später in der Praxis fremde Personen Ihren Hund anfassen könnten, ohne vorher zu fragen. Ihr Hund als Therapiehund muss dies tolerieren.

Es können Frauen und/oder Männer die Untersuchung beim Eignungstest durchführen. Kinder werden beim Eignungstest und bei Prüfungen keine Untersuchungen machen.

Eine Übung hierzu, wie sie im Eignungstest abläuft, kann wie folgt aussehen: Eine für den Hund fremde Person bittet Sie, Ihren Hund auf eine Erhöhung zu stellen (kleiner Tisch). Bei großen Hunden wird es Ihnen meistens überlassen, ob Sie Ihren Hund auf dem Boden oder auf einem Tisch untersuchen lassen möchten. Sie werden dann gebeten, ein Stück auf die Seite zu gehen und nur Blickkontakt zu Ihrem Hund zu haben. Es ist für manche Hunde schon Stress, dass ihre Bezugsperson keinen Körperkontakt mehr hält!

Meist werden die Pfoten gestreichelt und auch von unten angeschaut. Ist Ihr Hund an den Pfoten kitzelig, dann dürfen Sie das auch vorher sagen! Die Ohren und die Zähne werden angeschaut und dabei wird stets auf eventuell auftretende Stresssymptome, die der Hund zeigen könnte, geachtet (siehe Seite 34 f.).

Diese Übung zeigt sehr schnell, ob Ihr Vierbeiner schon für die Ausbildung und die anschließende „Arbeit" als Therapiehund geeignet ist. Manche Teams tun gut daran, noch ein Jahr zu warten und die Zeit bis dahin mit vielen schönen gemeinsamen Spielen und vorbereitenden Übungen zu füllen.

Reaktion auf akustische und visuelle Reize

Kann Ihr Hund sich bei lauten, schrillen oder barschen, tiefen Menschenstimmen, die plötzlich ins Ohr dringen, ruhig und sicher verhalten? In psychiatrischen Einrichtungen und in Senioreneinrichtungen, aber auch in Kindergärten kann Ihnen diese Geräuschkulisse jederzeit und ohne Vorwarnung „begegnen".

Getestet wird hier eine nachgestellte Situation, meistens mit mehreren Menschen unterschiedlichen Geschlechts.

Für Hunde aus dem Süden oder dem Tierheim ist es durchaus wichtig, dass auch Männer bei dem Test zugegen sind. Denn es kommt häufig bei südländischen

Bei verschiedenen Übungen ist es sinnvoll, wenn besonders kleinere Hunde auf einen erhöhten Tisch gesetzt werden.

Ein Therapiehund muss gelassen auf die unterschiedlichsten Reize reagieren, auch wenn es eng und laut wird.

Hunden aus dem Tierschutz im Erwachsenenalter vor, dass sie Probleme mit Männern – ob mit oder ohne Hut, mit oder ohne etwas „Steckenartigem" in der Hand und so weiter – haben. Hier lässt sich dann ihre Erfahrung in der Prägungszeit erahnen.

Aber auch in unseren Regionen sieht man Hunde, die keine oder eine nicht artgerechte Prägungsphase durchlaufen haben. Sie werden oft unter falschen Umständen und mit der „rosa Brille" angeschafft.

Sollte im weiteren Testverlauf Ihr Hund keine Probleme damit haben, kommen dann meistens auch Instrumente dazu, die von den umherlaufenden Menschen gespielt werden. Manchmal läuft die Gruppe oder Sie laufen selbst mit dem Hund um die Menschenansammlung herum.

Bei solchen Übungen darf Ihr Hund Beschwichtigungssignale zeigen, denn hier ist nicht von einer alltäglichen Situation zu sprechen. Wichtig ist, dass Sie Ihren Hund in diesen Momenten richtig „lesen" und die Situationen aus Hundesicht „entstressen" können.

Der Hund sollte sich dann in aller Ruhe erst mal langsam an die Situation oder die ungewohnten Reize gewöhnen. Dabei sollte man ihm viel Zeit lassen. Wenn er die Situation dann langsam auf seine Art „untersucht" und dabei ruhig und gelassen bleibt, wird er bestätigt und gelobt. Auf keinen Fall darf man ihn zu etwas zwingen. Er muss das gewünschte Verhalten von allein zeigen.

Das Durchlaufen von Flatterbändern gehört zu den Übungen, mit denen der Hund an ungewöhnliche optische Reize gewöhnt werden soll.

Ein häufiger Fehler dabei ist, dass der Hundeführer seinen Vierbeiner im „falschen Moment", also wenn er noch Angst oder Unsicherheit zeigt, anspricht oder anfasst oder ihm ein Leckerli gibt. Dadurch wird der Hund in seiner Reaktion auf eine Angst einflößende oder kritische Situation von seinem Menschen für sein Verhalten bestätigt. Und später wird er dieses ungewünschte beziehungsweise unsichere Verhalten wahrscheinlich – denn gelernt ist gelernt – in ähnlichen Situationen zeigen.

Spielsachen, die merkwürdige Geräusche erzeugen, sind dafür geeignet, den Hund an ungewöhnliche akustische Reize zu gewöhnen.

Zu den optischen und auch haptischen Reizen zählen Flatterbänder oder Fahnen, zwischen denen Sie und Ihr Hund oder Ihr Hund allein durchläuft. Manchmal liegt auf dem Boden darunter auch noch eine große Plastikfolie. Eine Variante ist, dass Hund und Hundeführer zusammen unter einem von mehreren Helfern hoch gehaltenen großen Tuch durchlaufen. Beim zweiten Mal bleiben Hund und Hundeführer dann in der Mitte stehen und das Tuch wird, wie eine Höhle, von den Helfern über das Team gelegt.

Auch verschiedene Kinderspielsachen werden hier gern und sehr effektiv eingesetzt. Ein übergroßer Teddybär, der schon bessere Zeiten gesehen hat, weil er vielleicht der Losbuden-Hauptgewinn von der inzwischen 40-jährigen Tochter war, eignet sich hervorragend.

Rollstühle, Gehwagen, Gehilfen in Form von Krücken oder ein Spazierstock werden unter Mithilfe der Testpersonen eingesetzt, um zu sehen, wie der Hund auf solch unbekannte Gegenstände reagiert: mit Angst, Panik oder Selbstbewusstsein und Gelassenheit.

Einige dieser hier beschriebenen Beispielübungen werden Ihnen auch wieder im Ausbildungsteil begegnen. Denn im Rahmen des Eignungstests wird natürlich nicht verlangt, dass Ihr Hund schon perfekt und völlig gelassen bei allen möglichen Reizen und Situationen bleibt. Der Eignungstest soll aber zeigen, wie der Hund reagiert, ob er sich schnell beruhigt und dann neugierig alles Neue erkundet oder ob er in völliger Panik versucht zu flüchten.

Im letzteren Fall ist der Hund nicht oder noch nicht für eine Therapiehundeausbildung geeignet. Meistert er aber alles schon relativ gut, steht einer weiteren Ausbildung nichts mehr im Weg. Um dann seine Gelassenheit, sein Selbstbewusstsein und seine Ruhe weiterhin zu festigen, werden die verschiedenen Übungen auch während der Ausbildung weiter zum Tragen kommen.

45

DIE ZEHN WICHTIGSTEN AUFGABEN, DIE IHR HUND BEIM EIGNUNGSTEST BEHERRSCHEN SOLLTE:

1. *Laufen an lockere Leine. Der Hund soll mit seinem Hundeführer und auch mit einer fremden Person an der lockeren Leine laufen, sowohl auf der rechten als auch auf der linken Seite.*

2. *Der Hund sollte neben einem Gefährt (Rollstuhl, Kinderwagen, Rollator oder Ähnlichem) angeleint laufen können, ohne zu ziehen.*

3. *Der Hund sollte ruhig bleiben, wenn er mehrere Minuten von einer fremden Person an der Leine gehalten wird, während sein Hundeführer außer Sicht geht. Er darf dabei stehen, sitzen oder liegen, aber nicht ständig bellen oder winseln.*

4. *Der Hund soll ohne Anzeichen von Aggression an der Leine zwischen fremden, ebenfalls angeleinten Hunden durchlaufen können.*

5. *Der Hund soll angeleint ruhig im Sitz oder Platz verharren, wenn sich sein Hundeführer mit einem anderen Hundeführer trifft, diesen mit Handschlag begrüßt und sich mit ihm unterhält.*

6. *Der Hund soll mehrere Minuten unangeleint sitzen oder liegen bleiben, wenn sich sein Hundeführer etwa 10 Meter von ihm entfernt postiert.*

7. *Der Hund soll sich von einer fremden Person überall anfassen lassen und es auch dulden, die Lefzen anheben und den Fang öffnen zu lassen.*

8. *Der Hund darf bei plötzlichen ungewohnten Geräuschen weder ängstlich noch aggressiv reagieren. Ein kurzes Bellen, ein Aufspringen oder ein kurzes Stutzen ist erlaubt.*

9. *Der Hund darf sich nicht bedroht fühlen oder aggressiv reagieren, wenn eine Person mit Gehhilfe seinen Stock oder eine Krücke nach oben bewegt.*

10. *Der Hundeführer soll seinen Hund kurz zu einem Spiel animieren, ob mit oder ohne Spielzeug, und anschließend wieder ins Kommando rufen können.*

Geeignet – ja oder nein?

Wie Sie sehen, sind viele der Aufgaben im Eignungstest den Übungen in einer Begleithundprüfung sehr ähnlich. Daher ist es sinnvoll und auch für alle Beteiligten am einfachsten, wenn der Hund schon die Ausbildung und Prüfung zum Begleithund abgelegt hat.

Sollte Ihr Hund während der verschiedenen Tests deutlich signalisieren, dass auch mit Üben in der dann folgenden Ausbildungszeit nicht viel zu machen sein wird, erkennen Sie es entweder selbst oder Sie werden von geschulten Personen in der Ausbildungsstätte darauf hingewiesen. In diesem Fall werden Sie nicht für die Ausbildung zum Therapiehunde-Team angenommen.

Das ist sicher bitter, gerade, wenn man doch Gutes tun möchte – und vielleicht sogar noch ehrenamtlich! Hier zeigt es sich aber, ob Menschen verstehen, dass sie es anderen Lebewesen schuldig sind, diese vor Dingen zu bewahren, die nicht realisierbar sind.

Als Ausbilder oder Prüfer sollten Sie

Das ruhige Verharren im „Platz", wenn sich der Mensch entfernt, gehört auch zum Eignungstest.

kritisch sein und bleiben. Oder möchten Sie unter dem Namen der Ausbildungsstätte verunsicherte oder gar angstaggressive Therapiehunde durch die Ausbildung und Prüfung mittragen?

Falls Sie eine hervorragende Hundeschule mit vielen abwechslungsreichen Kursen für jede Hundegröße und jeden Hundetyp kennen, empfehlen Sie diese weiter. Denn mit seinem Hund arbeiten sollte man als Besitzer auf alle Fälle – gerade bei bekannten oder aufkommenden „Problemen".

Tests sind immer für etwas gut. Man weiß danach (hoffentlich) meistens mehr, vor allem über sich als Mensch! Ob der Eignungstest für Sie und Ihren Hund objektiv war, entscheiden Sie selbst. Bleiben Sie immer fair und sportlich und denken Sie bitte an erster Stelle an Ihren Hund!

Überlegen Sie, was Ihrem Vierbeiner und Ihnen am besten liegt, bevor Sie vorcilig mit irgendcincr Ausbildung bcginncn.

Grundsätzliches

Wenn Sie einen Eignungstest als Therapiehunde-Team mit Bravour bestanden haben, freuen Sie sich. Es sollte aber keine übergeordnete Rolle für Sie spielen. Bitte vergessen Sie nicht, dass Sie für Ihren Hund das Wichtigste sind. Ihm ist es egal, ob Sie eine Prüfung bestehen oder nicht. Hauptsache ist es doch, dass Sie miteinander Spaß haben und ihm nie böse sind, falls doch mal etwas nicht so toll klappt.

In der Regel sind es die Menschen, die ihren Stress auch auf die Hunde übertragen. Dann kann es schon vorkommen, dass mal eine gut vorbereitete Prüfung doch nur als Übung dient. Sehen Sie es bitte immer so!

Wenn Ihr Hund mit der Zeit immer gelassener wird und Sie vielleicht erst dadurch mit wichtigen Unterordnungsübungen beginnen können, ist das doch auch ein schöner Gewinn!

Und immer, wenn Sie das Gefühl haben oder an den Übersprungssignalen Ihres Hundes „lesen" können, dass es zu viel für Ihn wird, gehen Sie ruhig aus der momentanen Situation heraus.

Bieten Sie Wasser an! Auch Hunde, die sonst kaum Durst haben, werden es Ihnen in stressigen Situationen danken.

Sie haben gehört oder gelesen, dass man alle Übungen immer positiv beenden soll? Das versuche ich auch, so gut es eben geht, im Alltag umzusetzen, auch wenn es nicht immer funktioniert.

Falls mal eine Übung nicht positiv verläuft, bleiben Sie ruhig und reiben Ihrem Hund die Enttäuschung nicht gerade unter die Nase. Gehen Sie eine Runde gemütlich und ohne Unterordnungsübungen zusammen spazieren. Generell ist zu sagen, dass Therapiehunde Übungen wie „Sitz" und „Platz" sicher beherrschen müssen, um überhaupt im Eignungstest bestehen zu können. Deswegen müssen Sie aber nicht ständig mit Ihrem Hund an der Unterordnung arbeiten, sondern dürfen ihn auch mal seinen Bedürfnissen nachgehen lassen.

Wenn Sie Ihren Hund an neue Situationen gewöhnen oder ihn auf irgendetwas konditionieren möchten und entsprechende Erziehungsübungen durchführen, ist es Ihnen überlassen, ob Sie dafür einen Clicker verwenden oder ihn auf andere Weise bestätigen. Wie dabei richtig vorzugehen ist, wird in vielen anderen guten Erziehungsbüchern beschrieben. Daher gehe ich hier nicht weiter darauf ein.

Ich persönlich habe mit dem Clicker-Training sehr gute Erfahrung gemacht und meine Hunde auch auf diese Weise ausgebildet. Es macht sehr viel Spaß und bietet sich vor allem beim Erlernen neuer Tricks an, denn – und das ist für mich das Entscheidende – mit dem Clicker gibt es immer ein zeitnahes Versprechen auf eine Belohnung für ein erwünschtes Verhalten.

WICHTIG!

Sie und Ihr Hund müssen bei Übungen immer gesund und gut gelaunt sein, ansonsten ist ganz schnell einer des Teams gestresst. Gesundheit ist oberstes Gebot und gilt immer für das Team!
Bei Welpen oder Junghunden, die sich noch im Zahnwechsel befinden, ist es manchmal sinnvoll, diesen abzuwarten und dann erst anzufangen oder die schon begonnenen Übungen danach fortzusetzen. Denn es kann durchaus sein, dass der Körper durch den Zahnwechsel sehr belastet und durch zu viele Übungen und Aufgaben manchmal überfordert ist.

In Stresssituationen können weder Menschen noch Hunde sehr gut lernen. Also sollten Sie nur entsprechende Vorübungen einplanen, wenn Sie und Ihr Hund ausgeglichen sind und genügend Zeit haben. Sollten Sie oder Ihr Hund aus irgendwelchen Gründen gestresst oder genervt sein, verschieben Sie Ihr Vorhaben, auch wenn es vielleicht schon fest für den Tag eingeplant war.
Bevor Sie mir Ihren Vorübungen beginnen, sollten Sie sich vorher überlegen, was genau Sie Ihrem zukünftigen Therapiehund heute beibringen möchten. Was soll er sehen, hören, betasten? Wird der Hund mit einem neuen Umfeld und unbekannten Ereignissen konfrontiert, laufen alle seine Sinne auf Hochtouren. Hier sollte dann nur gut dosiert und altersentsprechend vorgegangen werden, da der Hund sonst schnell überfordert sein kann, nach dem Motto: Weniger ist manchmal mehr!

Praktische Tricks

Auch wenn es nicht unbedingt Voraussetzung für die Arbeit als Therapiehund ist, so kann es durchaus sehr sinnvoll sein, wenn Ihr Hund einige Tricks beherrscht, denn sie machen nicht nur dem Hund Spaß, sondern bereiten den Menschen, die Sie später besuchen, auch viel Freude und Abwechslung. Für den Alltag können manche Tricks außerdem durchaus sehr nützlich sein.

Ein Welpe sollte nicht mit zu vielen verschiedenen Umweltreizen gleichzeitig konfrontiert werden, da hierbei seine Sinne ohnehin schon auf Hochtouren laufen.

49

Das Fangen eines Futterdummys lässt sich auch später als Kunststück gut anwenden, da es bei Alt und Jung immer gut ankommt.

Beispiele hierfür sind das Bringen eines Schlüssels, eines Handys oder eines anderen Gegenstandes oder das Ausziehen eines Sockens. Sie können bestimmte Tricks auch therapeutisch verwenden. Wenn Ihr Hund zum Beispiel gern ein (Futter-)Dummy oder ein anderes Spielzeug apportiert, können Sie das nutzen, um einen Patienten, dessen Mobilität durch Behinderungen an den Extremitäten eingeschränkt ist (wie zum Beispiel ein Schlaganfallpatient), diese zu verbessern und dauerhaft zu fordern. Vielleicht sind für den Betroffenen die regelmäßigen Stunden bei seinem Physiotherapeuten schon langweilig. Wird er aber durch die Anwesenheit eines Hundes abgelenkt und kann ihm sogar ein Apportel werfen, hat er sicherlich viel Spaß daran und kann gleichzeitig seine Mobilität verbessern.

Das Finden von versteckten Leckerlis ist eine wichtige Übung, die den Hund auch geistig fordert.

KNUT-TRICK – REINE NASENARBEIT

„Sein" Auto zu „erschnüffeln" und immer zielgenau zum richtigen Auto laufen und dann dort zu bleiben, das ist sehr praktisch! Dies kann man zum Beispiel auf Waldparkplätzen sehr gut üben.

Bringen Sie einen Aufkleber so am Auto in einer Höhe an, dass der Hund ohne Probleme mit der Nase diesen anstupsen kann. Tupfen Sie etwas Leckeres wie ein wenig Leberwurst auf die ausgesuchte Stelle oder den Aufkleber. Lassen Sie dabei den Hund in etwa 2 Meter Entfernung absitzen und dabei zuschauen.

Gehen Sie dann die ersten Male zusammen mit Ihrem angeleinten Hund zu dem leckeren Duft. Belohnen Sie ihn beim Riechen. Es ist wichtig, dass Sie keine Schicht zum Herunterschlecken, sondern nur einen Hauch von Leberwurst auftragen, damit der Hund nur daran riecht.

Wählen Sie ein einfaches Wort für diesen Trick aus und verbinden das Wort schon bald mit dem ans Auto laufenden Hund. Wir haben unser Auto „Knut" genannt. Wenn ich frage: „Wo ist der Knut?" oder einfach nur „Knut", dann gehen meine Hunde zum richtigen Auto. Sobald der Hund das verstanden hat, „duften" Sie das Auto nicht mehr ein, sondern belohnen nur noch das Nasestupsen des Hunden. (Es geht auch ohne Aufkleber.) Ideal lässt sich das mit einem Clicker üben.

Für alle, die nie im Freien mit den Therapiehunden und den Besuchten „arbeiten", kann man den Knut-Trick auch ins Haus verlegen! Hat der Hund den Trick verstanden, lässt er sich auch in Verbindung mit verschiedenen Gegenständen gut umsetzen.

Seien Sie kreativ und überlegen Sie mal, was Sie Ihrem Hund alles für sinnvolle Tricks beibringen können. Im Folgenden finden Sie einige Anregungen, bei denen es in der Regel darum geht, dass der Hund eine Belohnung finden oder an sie herankommen oder ein bestimmtes Kunststück zeigen muss, wofür er mit einem Leckerli belohnt wird.

- Verstecken von Leckerlis unter verschiedenen Gegenständen
- Öffnen von einem Karton
- Herausfischen eines Leckerlis oder eines Apfels aus einer Wasserschüssel
- Einen im Zimmer oder in der Wohnung versteckten Gegenstand finden
- Eine Person, die sich versteckt hat, suchen
- Bestimmte Gegenstände herbringen und abgeben
- Eine Kiste mit Gegenständen ausräumen oder einräumen
- Ein Körbchen, in das etwas hineingelegt wurde, jemandem bringen
- Kunststücke wie Rolle, Schlafengehen, Winken, Drehen, Robben, Männchenmachen, irgendwo Durchkriechen (zum Beispiel unter einem Stuhl, unter gegrätschten Beinen)
- Anstupsen mit der Nase (Nasentarget/Fliegenklatsche, siehe Seite 100) oder zum Beispiel der „Knut-Trick" (siehe Kasten)
- Mit einer oder beiden Vorderpfoten etwas berühren (Pfotentarget/Fliegenklatsche, siehe Trick mit der Druckampel auf Seite 101)
- Lichtschalter betätigen, Schublade öffnen, Telefon und Handy bringen
- Socken ausziehen

Besonderen Zugang erhält man zu den meisten Menschen am besten, wenn der Hund irgendetwas trägt und es ihnen bringt.

Sinnvolle Vorübungen

Im Folgenden werden einige Beispiele vorgestellt, mit denen Sie Ihren Hund ohne großen Aufwand schon gezielt für die spätere Tätigkeit als Therapiehund vorbereiten können, indem er mit völlig neuen Umweltreizen konfrontiert wird, was ihm später zugute kommt. Dies hier sind nur Anregungen. Sie können sich dann selbst noch weitere Varianten überlegen, was für Möglichkeiten Sie im Umfeld haben und was Sie vielleicht besonders gut auf Ihre Ziele vorbereiten kann.

Diese Vorübungen sind wunderbar dafür geeignet, sowohl vor dem Eignungstest als auch später während der Ausbildung zum Therapiehund Ihren Vierbeiner zu festigen. Sie sind ebenso ein sinnvoller Prägungsausflug für Welpen und Junghunde oder auch Übungen für unsichere Hunde.

Je nachdem, wie alt und wie selbstsicher der Hund ist, sollte die Dauer der jeweiligen Übung entsprechend abgestimmt werden. Anfangs reichen manchmal schon wenige Minuten. Bei erfahreneren und älteren Hunden kann die Zeit dann etwas verlängert werden.

Zu den Vorübungen gehören auch Besuche von verschiedenen Geschäften (empfohlene Beispiele finden Sie in diesem Kapitel). In dem Fall bietet es sich an, dort zuvor anzurufen oder vorbeizugehen, um im Vorfeld ausschließen zu können, dass ein Hund vielleicht unerwünscht ist.

Schön ist es immer, wenn Sie sich und Ihren Hund mit Namen vorstellen und Ihre (zukünftige) Tätigkeit den zuständigen Mitarbeitern kurz erklä

Selbst Senioren sind begeistert, wenn ihnen ein Hund solch ein nettes Geschenk bringt.

In einem Kindergarten gibt es nach Absprache die Möglichkeiten, den Hund an wackelige Gegenstände zu gewöhnen. Kinderspielplätze sind für Hunde aber verboten – bitte nicht einfach dafür nutzen!

ren. Auch werden häufig Fragen zum Alter, zur Rasse oder anderen Dingen Ihres Vierbeiners gestellt. Beantworten Sie dann ruhig diese Fragen, denn wenn man über sein eigenes Tier erzählt, ist man in der Regel entspannter – eine ideale Voraussetzung für den weiteren harmonischen Verlauf dieses Besuchs.

Sie werden erstaunt sein, mit welcher Resonanz Sie dann im Allgemeinen rechnen können und wie gern Sie immer gesehen sein werden.

Geduldig warten

Ist Ihr Hund an das Auto gewöhnt, können Sie bei geplanten Besuchen zunächst auf dem schattigen Kundenparkplatz vor dem Geschäft parken und ohne Hund schon mal schauen gehen. Hunde merken aber schnell, wenn Sie etwas Neues erleben dürfen, und reagieren dann häufig mit erwartungsvollem Gebell. Sie würden ihn jetzt nur für das Bellen belohnen, wenn er mitgehen dürfte, um etwas Neues kennenzulernen. Somit können Sie das gleich als Übung nutzen, damit Ihr Hund lernt, ruhig im Auto zu warten. Erst, wenn er ruhig bleibt – auch wenn es anfangs nur für ganz kurze Zeit ist –, wird er bestätigt und darf mitgehen.

Voraussetzung ist natürlich, dass es nicht zu warm ist und das Auto nicht durch Sonneneinstrahlung aufgeheizt wird (auch bei relativ niedrigen Außentemperaturen kann es zu großer Hitze im geschlossenen Auto führen). Eine gute Belüftung durch teilweise geöffnete Fenster muss natürlich gewährleistet sein. Ideal ist hier der Transport in einer Hundebox, in welcher der Hund sicher untergebracht ist, während man die Heckklappe des Fahrzeugs auflassen kann. So ist eine gute Luftzirkulation möglich und der Wagen heizt sich nicht übermäßig auf.

Gewöhnen an merkwürdige Dinge zu Hause

Bevor Sie Ihren Hund das erste Mal in ein Geschäft oder zum Friseur (wie später beschrieben) mitnehmen, sollte er schon an die Geräusche von verschiedenen Geräten gewöhnt sein und gelassen bleiben. Das können Sie wunderbar zu Hause üben, und zwar wohl dosiert vom Welpenalter an – das sind ganz wichtige Erfahrungen in der wertvollen Prägephase. Aber auch ältere Hunde können behutsam an Situationen gewöhnt werden, die sie noch nicht kennen.

Was kann der Hund hier (kennen)lernen?
- Verschiedene optische Reize
- Verschiedene akustische Reize
- Ruhigbleiben, auch wenn plötzlich neue Geräusche zu hören sind

Nehmen Sie Ihren Hund immer mal mit ins Bad oder lassen Sie ihn selbst entscheiden, ob er bei Ihnen sein möchte, während Sie die Morgentoilette durchführen oder Hausarbeit machen.

Eine elektrische Zahnbürste, ein Fön, die Dusche, die Waschmaschine, der Trockner, der Rasenmäher, der Staubsauger, das Bügeleisen, der Mixer in der Küche – alle Geräte machen unterschiedlichen Lärm. Manche riechen noch dazu merkwürdig.

Das Erkunden von fremden Gegenständen erfolgt durch Riechen, Sehen und Tasten.

Kennt Ihr Vierbeiner schon viele unterschiedliche Geräusche, erschreckt er sich später nicht, wenn er plötzlich in ungewohnter Umgebung mit neuen akustischen Reizen konfrontiert wird. Und was ganz wichtig ist: Sie auch nicht, da Sie sicher sind, dass Ihr Hund das kennt. Denn oft erschrecken unsere Hunde erst richtig, wenn wir uns selbst erschrecken oder unsicher sind und dadurch nach „Stress" duften.

Erst wenn Sie sicher sind, dass alle Haushaltsgeräte keinen Stress bei Ihrem Hund verursachen, können Sie als nächsten Schritt einen Besuch in einem speziellen Geschäft planen. Denn dort wird Ihr Hund dann mit noch mehr Geräuschen, Gerüchen und optischen Reizen und dazu noch in einer völlig fremden Umgebung konfrontiert – eine echte Herausforderung und ideal für die spätere Tätigkeit. Denn Sie glauben nicht, wie vielen neuen, ungewohnten Reizen ein Therapiehund später immer mal wieder ausgesetzt wird. Dann ist es umso besser, wenn er diesbezüglich schon viel Erfahrungen sammeln konnte und dadurch relativ gelassen und abgeklärt auf Ungewohntes reagiert.

Der Besuch eines Orthopädie-Fachgeschäftes

Zur frühen Prägung und speziell für den Therapiehund bietet sich ein Besuch im Fachgeschäft für Orthopädie geradezu an. Denn hier kann der Hund schon mal alle Gegenstände und Geräte kennenlernen, denen er später sicherlich häufiger begegnen wird. Vielleicht sind sogar entsprechende Personen mit Gehbehinderungen oder Rollstuhlfahrer zufällig anwesend, sodass Ihr Hund schon gleich wie im späteren „realen Leben" mit entsprechenden Situationen konfrontiert wird.

In einem Orthopädie-Fachgeschäft kann der Hund schon mal so merkwürdige Dinge wie verschiedene Gehhilfen kennenlernen.

Hier ist eine gute Planung im Voraus sehr wichtig. Bitte gehen Sie zuerst einmal ohne Hund in das Geschäft. Der Hund ist entspannt zu Hause, während Sie sich schon mal Einheiten anschauen, in denen geübt werden kann und soll. Ihr Vorteil ist eine gezielte und entspannte Atmosphäre für Ihren Vierbeiner beim ersten Besuch.

Was kann der Hund hier (kennen)lernen?
- Autofahren
- Im Auto ruhig bleiben und warten, bis es losgeht
- Menschen verschiedenen Alters
- Menschen, die „komisch" laufen oder im Rollstuhl sitzen
- Menschen, die auf den Hund einfach zugehen und/oder ihn berühren, ohne zu fragen
- Menschen, die sehbehindert sind (Bitte achten Sie besonders darauf und weisen die sehbehinderte Person auf den Hund am Boden hin.)
- Aufzugfahren (wenn es ein mehrstöckiges Gebäude ist)
- Gehilfen wie Krücken oder Stöcke
- Elektrische Betten
- Rollstühle (elektrische/mechanische)
- Rollatoren in allen Ausführungen

Wichtig: Beobachten Sie Ihren Schützling immer genau und reagieren Sie entsprechend, falls er unsicher oder ängstlich wird. Anfangs sollte so ein Besuch nicht länger als 5 bis 10 Minuten dauern.

ROLLATOREN

Die Rollatoren haben etwas sehr Praktisches: einen gut erreichbaren Absatz oder ein Körbchen, in das man das Lieblingsspielzeug zum Herausnehmen kann. Passen Sie aber bitte bei neuen Modellen mit dem Hineinlegen von Leckerlis auf, denn diese Geräte sollen ja noch verkauft werden und dürfen nicht beschmutzt werden. Ideal ist es natürlich, wenn Sie nachfragen, ob Sie mit einem „Vorführwagen" des Geschäftes üben dürfen, um Ihren Hund an einen Rollator zu gewöhnen. Denn wenn Ihr kleiner „Hüpfer" erst einmal sein Lieblingsquietschi im Körbchen entdeckt hat, können Krallenspuren einen „Neuwagen" zum „Gebrauchten" degradieren. Die Krallen sollten daher – auch für später – beim Therapiehund immer kurz gehalten werden. Mehr dazu bei Hygiene und Pflege des Therapiehundes.

Der Besuch beim Menschen-Friseur

Abwechslungsreich, vor allem, was die Geräusche und Düfte angeht, ist der Besuch bei Ihrem Friseur. Diesen Ausflug sollten Sie aber nur dann planen, wenn Sie nicht unter Zeitdruck sind! Und natürlich sollten Sie vorher abklären, ob Ihr Friseur damit einverstanden ist und Hunde in seinem Salon erlaubt sind.

Was kann der Hund hier (kennen)lernen?
- Ungewohnte Gerüche und Geräusche
- Verschiedene optische Reize
- Unbekannte Gegenstände wie zum Beispiel die Rollwagen für die Arbeitsutensilien oder die Trockenhauben

Beim Friseur lernt Ihr Hund viele neue Geräusche kennen wie vom Fön, der Trockenhaube oder dem elektrischen Rasierer. Auch das plötzliche Klingeln einer Eieruhr kann den Hund schon mal aufschauen lassen. Vermutlich klingelt auch das Telefon hier viel öfter und in einem anderen Ton als zu Hause. Vielleicht läutet dazu auch noch die Eingangstür, die das Betreten eines Kunden ankündigt. Die Stimmen der anwesenden Menschen, die verschiedenen Gespräche mit den netten Stammkunden, oft keinen Meter von einem selbst entfernt, das Klappern beim Anrühren der Farben und Haarmasken ist selbst für unsere Menschenohren viel. Wenn man sich als Mensch dieses einmal bewusst beim nächsten Friseurbesuch „anhört", erahnt man schnell, welche anspruchsvolle und somit auch gut dosierte Übung hier für Ihren Hund beschrieben wird.

Auch die optischen Reize sind für den Hund neu und ungewohnt. Da gibt es zum Beispiel Menschen, die sich in merkwürdigen Positionen bewegen, wie der Kunde, der auf einem fahrenden Friseurstuhl zum Waschtisch „gerollt" wird. Und mit

Die Begegnung mit einem laufenden Fön kann für Hunde ganz schön aufregend sein.

Beim Friseur gibt es so viele neue Eindrücke auf einmal. Daher ist es eine wunderbare Übung zum Vorbereiten auf die spätere Arbeit.

dem Umhang und „komischen Glitzerfolien" auf dem Kopf sieht selbst der eigene Besitzer für den Hund merkwürdig aus. Dann gibt es noch die fahrbaren Frisierwagen, auf denen sich alle Utensilien befinden, oder die Trockenhauben, die herumgeschoben werden – alles für den Hund ungewohnte Gegenstände, die er hier kennenlernen kann.

Am Nebenplatz ist die Dame fertig und es wird eifrig zusammengefegt, was zuvor noch auf deren Kopf war. Schon allein diese Bewegung ist eine Herausforderung, nicht nur für einen jungen Hund, um völlig gelassen zu bleiben. Von den vielen intensiven Gerüchen ganz zu schweigen – aber zum Glück gibt es ja noch den gewohnten Geruch an unserer Hose oder unseren Schuhen, denn sonst könnten die vielen Gerüche eine Hundenase stressen.

Zeitschriften werden von vielen Kunden gelesen und umgeblättert. Manchmal fällt auch eine Illustrierte vom winzigen Tischchen runter, das schon mit Kaffee und Keksen voll belegt ist. Und wenn der Besuch etwas länger dauert, muss man selbst vielleicht einmal die Toilette besuchen. Auch dann sollte Ihr Vierbeiner allein auf dem Platz liegen bleiben, bis Sie wieder zurückkommen. Dehnen Sie aber anfangs diese Besuche nicht zu lange aus, sondern bringen den Hund zwischendurch in seine Box im Auto – wenn es die Temperatur zulässt.

Ihr Friseur und das Personal sollten Hunde mögen und – was zumindest anfangs sinnvoll ist – Ihnen und Ihrem Vierbeiner einen etwas abgelegenen Platz anbieten. Bei manchen

Friseursalons gibt es auch die Möglichkeit, dass Sie sich in einen kleinen, separierten Bereich setzen können. Das ist dann am allerbesten und sorgt für die etwas stressfreiere Zone. Vergessen Sie bitte nicht: Das Personal und die anderen Kunden finden Ihren Hund auch klasse und wollen am liebsten alle „Hallo" sagen.

Seien Sie in diesem Fall konsequent und legen Ihren Hund auf eine mitgebrachte, gut waschbare Hundedecke. So erkennt er „seinen" Geruch und es ist nicht alles fremd. Sehr zu empfehlen sind für alle diese Ausflüge Hundedecken mit einer Antirutschmatte auf der Unterseite. Ihr Hund soll gemütlich und sicher liegen.

TIPP!

Sind Sie Besitzer einer Rasse, die später einmal einen Hundefriseur benötigt, dann erkundigen Sie sich bei einem Hundesalon, ob Sie vielleicht auch nur zur Probe vorher einmal vorbeikommen dürfen.

Bus- oder Bahnfahren mit Hund

Üben Sie das Bus- oder Bahnfahren am besten unter der Woche, wenn nicht so viel los ist. Sinnvoll ist es, wenn man dabei zu zweit ist. Dann kann sich eine Person voll auf den Hund konzentrieren, während die zweite Person zum Beispiel das Ticket löst.

Was kann der Hund hier (kennen)lernen?
- Eine gewisse Enge und die ungewohnte Bewegung beim Fahren in einem Bus
- Das Ein- und Aussteigen über ungewohnte Stufen
- Neue Gerüche, Geräusche und Untergründe
- Verschiedene optische Reize
- Viele verschiedene unbekannte Personen jeden Alters und Geschlechts

Diese Übung ist für fast alle Hundehalter einfach umzusetzen, da es auch auf dem Land genügend Bus- oder Nahverkehrszugverbindungen gibt. Sie können eine Busfahrt auch mit einem spannenden Spaziergang kombinieren. Fahren Sie einfach ein paar Haltestellen weiter und laufen Sie den Weg zusammen mit Ihrem Hund zurück, so kann er auf dem Rückweg ganz neue Dinge erkunden, denn meistens handelt es sich dann um eine Strecke, die man sonst nicht zu Fuß ablaufen würde.

Beim Bus- oder Bahnfahren lässt sich besonders gut das „Aushalten" mit fremden Menschen und vielen verschiedenen Gerüchen und optischen Reizen in einem engen Raum üben.

Ist es Ihnen auch schon so gegangen, dass Sie in einem Bus keinen Sitzplatz gefunden und Sie schnell gemerkt haben, dass es wohl besser ist, sich irgendwo

Das Busfahren lässt sich gut kombinieren mit einem spannenden Ausflug.

festzuhalten, um in Kurven oder beim Bremsmanöver nicht das Gleichgewicht zu verlieren?

Unseren Hunden geht es da ganz ähnlich, denn egal, ob Ihr Vierbeiner nun sitzt, steht oder sich hingelegt hat, die Schwankungen in einem Bus sind in der Enge nicht vergleichbar mit dem Kurvenfahren im Auto, wenn sich der Hund in der sicheren Hundebox oder alternativ (hoffentlich) angeschnallt auf dem Rücksitz befindet. Diese Übung festigt auch das Vertrauen, das Ihr Hund zu Ihnen hat. Denn Sie entscheiden, wo Sie sich am besten hinsetzen und wo nicht – zumindest nicht mit Hund. Anfangs sollten Sie – wenn möglich – einen Platz wählen, bei dem Sie keinen direkten Nachbarn haben, damit der Hund nicht gleich zu viel Stress durch das Einengen und/oder durch die Nähe fremder Personen ausgesetzt ist. Auch sollten Sie auf den ersten Fahrten nicht in unmittelbarer Nähe einer Person sitzen, bei der laute Musik aus dem Kopfhörer dröhnt oder die ständig mit ihrem Handy telefoniert.

Kleinere Hunde und Welpen fühlen sich erfahrungsgemäß am wohlsten, wenn sie auf dem Schoß des Besitzers die aufregende „neue" Welt erkunden dürfen. Die Ruhe und Sicherheit des Menschen überträgt sich dann auch auf den Hund.

Unternehmen Sie nichts Großartiges – fahren Sie einfach erst einmal eine Runde Bus! Das ist für die meisten Hunde schon sehr anstrengend und uns soll es ja auch nicht stressen. Also keinen Einkaufsbummel mit einplanen! Ihr Hund wird im besten Fall an viele verschiedene Situationen und Menschen herangeführt.

Achten Sie beim Ein- und Aussteigen bitte besonders darauf, dass sich Ihr Gefährte sicher fühlt und nicht in Panik gerät, weil jeder den Hund streichelt (oft auch ohne zu fragen).

Also steigen Sie am besten mit Ruhe und einer Begleitperson in eine weniger frequentierten Linie ein und fahren nur eine kurze Strecke bis zur nächsten oder übernächsten Station. Immer dabei haben sollten Sie Hundekottüte und Taschentücher, sollte die Blase oder der Darm durch das Busfahren angeregt worden sein.

WENN MENSCHEN ANGST VOR HUNDEN HABEN

Denken Sie bitte daran, dass es hier – wie überall anders auch – Menschen geben kann, die Angst vor Hunden haben! Und in einem engen Raum wie in Bus oder Bahn kann das für diese Menschen fast unerträglich werden, weil sie nicht einfach weglaufen können.

Bitte versuchen Sie nicht – in der Kürze der Zeit –, ihnen diese Angst nehmen zu wollen mit Sprüchen wie „Das ist ein Therapiehund, der ist ganz brav!" oder so ähnlichen Sätzen.

Menschen, die große Ängste haben, können in diesen Situationen manchmal aggressiv gegen Sie und Ihren Hund reagieren. Im schlimmsten Fall könnte Ihr Hund getreten oder geschlagen und Sie wüst beschimpft werden. Der Grund kann hier wirklich die Angst vor Hunden sein, es könnte sich aber auch um eine Person mit einer geistigen oder psychischen Erkrankung handeln. Versuchen Sie dann, ganz ruhig den Platz zu wechseln oder zumindest für einen größeren Abstand zwischen Ihrem Hund und der Person zu sorgen. Bitte planen Sie alle Übungen im Voraus gut, seien Sie umsichtig und bleiben Sie auch in solchen Situationen ruhig und gelassen. Denn Ihr Hund lernt gerade aus diesen Situationen von Ihnen!

Gewöhnen an Kinder

Falls Sie beabsichtigen, später vor allem Einrichtungen mit Kindern zu besuchen, sollten Sie schon so früh wie möglich Ihren Hund an Kinderlärm, spielende Kinder und an das Anfassen durch Kinderhände gewöhnen, falls bei Ihnen selbst keine Kinder im Haushalt leben und ohnehin für einen gewissen Trubel sorgen. Als Züchter achten Sie bitte darauf, dass Sie immer mit dabei sind, wenn Kinder mit Ihren Welpen zusammen sind, auch wenn es die eigenen Kinder oder deren Freunde sind. Die Welpen sollten auch nicht von Kindern hochgenommen und herumgetragen werden. Denn falls sie dabei schlechte Erfahrungen machen, wird das bei den Welpen abgespeichert.

HUNDE SIND NICHT ZUM REITEN

In über vier Jahren Kindergartenbesuche habe ich mit Bedauern festgestellt, dass die Kinder, bei denen im Haushalt ein oder mehrere Hunde leben, am gröbsten mit den Therapiehunden umgehen. Zum Reiten und um den Kindern den Unterschied zum Hund deutlich zu machen, habe ich ein stabiles und für diesen Zweck geeignetes Stoffpferd in den Kindergarten mitgenommen. Die Erzieherinnen sprechen mit den Eltern das Thema an und wir versuchen gemeinsam – mit guten Erfolgen – den Kindern das Wissen über richtigen Hundekontakt zu vermitteln.

Was kann der Hund hier (kennen)lernen?
- Kinderlärm
- Ungewohnte Bewegungen von Kindern mit oder ohne Spielzeug
- Anfassen durch tollpatschige Hände, die manchmal wunderbar nach Essen riechen
- Dass volle Windeln einen anderen Menschenduft in die Nase bringen

Kinderhände mit Essen sind für den Hund tabu.

Hier sollten Sie ganz behutsam anfangen und Ihren Vierbeiner nicht gleich auf eine Horde herumtobender Kinder loslassen. Gehen Sie erst mal in gebührendem Abstand an einem Kinderspielplatz oder in den wärmeren Monaten an einem Kindergartenaußenbereich vorbei, wo Ihr Hund schon mal die Bewegung und die Stimmen der Kinder unterschiedlichen Alters kennenlernen kann. Später können Sie auch – nach Absprache mit den Kindergärtnerinnen – durch eine Gruppe von spielenden Kindern

Wer später Einrichtungen mit Kindern besuchen möchte, sollte seinen Hund rechtzeitig an den Umgang mit Kindern gewöhnen.

laufen oder sich ein paar Minuten in der Nähe aufhalten, sodass der Hund das Geschehen in Ruhe betrachten kann. Vielleicht können Sie ja in der Nachbarschaft oder bei Freunden oder Verwandten auch mal an einem Kinderfest teilnehmen, wenn Ihr Hund schon an Kinder gewöhnt ist und die Kinder wissen, auf was man beim Umgang mit Hunden zu achten hat.

Wichtig ist hier vor allem, dass Ihr Hund keine schlechten Erfahrungen mit Kindern macht, da sich das später negativ auf seine Tätigkeit als Therapiehund auswirken würde. Passen Sie also besonders auf, dass die Kinder den Hund entweder völlig in Ruhe lassen oder sich korrekt ihm gegenüber verhalten und ihn nicht bedrängen, ärgern oder erschrecken. Nur wenn Ihr Hund nichts Negatives mit Kindern in Verbindung bringt, wird er später auch in der Lage sein, es gelassen hinzunehmen, wenn er bei seinen Besuchen doch mal unbeholfen angefasst wird.

Bei älteren Menschen ist das Kennenlernen für einen Welpen oder Junghund deutlich entspannter. Bleiben Sie aber dennoch immer bei Ihrem Hund. Auch sollten die ersten Besuche nur relativ kurz sein. Nachbarn oder die eigenen Verwandten, die Hunden gegenüber positiv eingestellt sind, freuen sich sicher über einen kurzen Besuch von Ihnen mit Ihrem Hundekind.
Bitte denken Sie daran, einen Wassernapf mitzunehmen. Beim Erkunden von Neuem haben auch solche Hunde mehr Durst, die sonst eher weniger trinken.

Früh übt sich: Hier lernt der junge Hund schon den richtigen Umgang mit Kindern.

63

Während der Ausbildung

Bevor Sie nun mit der Ausbildung beginnen, haben Sie sich ja schon bei einer entsprechenden Informationsveranstaltung (siehe Seite 22) ausführlich informiert und wissen, was auf Sie zukommt. Eine Voraussetzung für die Ausbildung ist dann der erfolgreiche Abschluss des Eignungstests (siehe Seite 42 ff.). Sind alle diese Hürden genommen, kann es losgehen.

Die Wahl der Ausbildungsstätte

Die Ausbildung kann sich im Einzelnen unterscheiden, je nachdem, welche Ausbildungsstätte man gewählt hat. Im Großen und Ganzen erfolgt aber die Ausbildung immer nach einem ähnlichen Konzept.

Wie schon zuvor erwähnt, gibt es weder vor noch während der Ausbildung einen allgemein verbindlichen Ausbildungsleitfaden. In der Regel besteht die Ausbildung aber immer aus einem theoretischen und einem praktischen Teil, der jeweils mit einer Prüfung abgeschlossen wird. Wie die einzelnen Ausbildungsabschnitte sich dann letztendlich aufgliedern und wann welcher Teil angeboten wird, ist für mich nicht ausschlaggebend.

Um dem Ganzen eine strukturierte Einheit zu geben, möchte ich bei der Gliederung der Ausbildungsabschnitte die einzelnen Einheiten in Module einteilen. Es sind Beispiele, wie Ihre Ausbildung aufgeteilt sein könnte!

Bitte stellen Sie sich unter einer Ausbildungsstätte für zukünftige Therapiehunde-Teams keine Hundeschule vor, in der – leider auch heute noch immer anzutreffen – das Lernen und Üben in sehr lautem Ton und mit dem Schwerpunkt der Unterordnung (Sitz, Platz, Fuß und so weiter) abläuft. Natürlich muss Ihr Hund verschiedene Voraussetzungen erfüllen, wie schon zuvor beschrieben wurde. Spaß und Freude sollte das Lernen von Neuem einem zukünftigen Therapiehund

Bei der Ausbildung gehören Koordinationsübungen zum praktischen Teil.

in der Ausbildung aber auch bereiten! Das heißt, beim Gewöhnen an ihm unbekannte Situationen sollte sich der Hund während der Ausbildung und auch
danach in einer für Ihn bevorzugten und als angenehm empfundenen Position
befinden dürfen. Ob Ihr Vierbeiner nun Platz oder Sitz macht oder lieber steht,
weil es sich vielleicht um eine Hündin handelt, die in Kürze läufig wird und eben
lieber steht, als sich hinzusetzen, ist für die meisten Übungen irrelevant.

Von Bedeutung ist es allerdings dann, wenn es sich um sehr große oder sehr
kleine Hunderassen handelt. Ein ruhig liegender Labrador Retriever ist für einen
Zweijährigen deutlich vertrauenerweckender als im Hüpf-Steh-Modus. Aber auch
hier können gute Hilfsmittel, wie zum Beispiel ein kleiner, stabiler Tisch mit
einem rutschfesten Teppich, hilfreich sein.

Als geborene Schwäbin stelle ich nicht nur hier im „Ländle" bei Hundebesitzern
immer wieder fest, dass viele meinen: „Nix g'sagt isch g'nug g'lobt". Das bedeutet, dass Sie Ihren Hund ruhig mal etwas mehr loben dürfen, und zwar für alle
zum richtigen Zeitpunkt erwünschten und erbrachten Leistungen oder gezeigten
Verhaltensmuster.

Jetzt kommt sicher Ihre berechtigte Frage, ob Sie alles andere dann ignorieren
sollen? Die Antwort lautet klar: „Nein." Gerade ein Therapiehund – und das ist
sehr wichtig – muss Begriffe wie „Nein", „Lass" oder ein entsprechendes anderes Wort kennen und sofort die gewünschte Reaktion zeigen, nämlich von etwas
abzulassen, egal, was es ist. (Auf Seite 73 f. wird darauf näher eingegangen.)

Ein entscheidender Aspekt für oder gegen eine Ausbildungsstätte ist, ob Sie nach
der bestandenen Prüfung Ihre Besuche ehrenamtlich ausführen werden oder ob
Sie sich zum Beispiel durch Ihre berufliche Tätigkeit Ihren Dienst mit Hund ver-
güten lassen möchten.

Ausbildungsstätten, die ehrenamtliche Tätigkeiten Ihrer ausgebildeten Teams als
Voraussetzung nach der bestandenen Prüfung haben, sind in der Regel deutlich günstiger, was die Ausbildungskosten betrifft. Machen Sie es aber nicht
vom Preis abhängig, für welche Ausbildungsstätte Sie sich entscheiden, sondern
schauen Sie, was für Sie und Ihren Hund im Einzelnen am besten passt. Die Kosten der Ausbildung sind sehr variabel und sagen (leider) nichts über die Qualität
der jeweiligen Bildungsstätte aus.

Ob Sie Hilfe und Unterstützung bei Fragen nach der Ausbildungszeit bekommen,
merken Sie spätestens, wenn Sie diese benötigen. Denn es kann durchaus vorkommen, dass Sie keine Unterstützung mehr erhalten, entweder aus Zeitmangel
oder weil der Verein oder die Ausbildungsstätte nicht mehr existiert.

Welche Ziele die einzelnen Ausbildungsstätten verfolgen, ist nicht immer einheitlich geregelt. Erkundigen Sie sich daher im Vorfeld, wie lange es schon die
Ausbildungsstätte gibt, in welchem Umfang deren Mitglieder tätig sind und wie
viele Ausbilder zur Verfügung stehen. Nutzen Sie dazu die Möglichkeit der Informationsveranstaltung. Hilfreich ist es außerdem, wenn Sie erfahrene Mensch-
Hund-Teams beim Besuch in einer Einrichtung begleiten, ohne Ihren eigenen

Dieser Hund beobachtet schon aufmerksam und interessiert, was ihn hier wohl erwartet.

Hund dabei zu haben. So bekommen Sie selbst ein Gespür dafür, was im Umfeld alles passieren kann, und Ihr Blick ist für die verschiedensten Situationen später geschärft, denn nur so können Sie sich dann hauptsächlich um den eigenen Vierbeiner kümmern. Auch hier können Sie eventuell schon erkennen, dass vielleicht das Seniorenheim nichts für eines Ihrer empfindlichen Sinnesorgane ist. Oder vielleicht kommen alte Erinnerungen an die kranke Mutter im Heim ganz plötzlich auf, die Sie in diesem Moment auf eine ganz persönliche Art traurig machen und berühren. Es liegt dann an Ihnen, ob diese Einrichtung Sie emotional zu sehr belastet oder – ganz im Gegenteil – es Ihnen daher ein ganz besonderes Anliegen ist, dort tätig zu sein.

ESAAT UND ISAAT

Wenn Sie sich für die Therapiehundeausbildung schon länger interessieren, sind Ihnen in diesem Zusammenhang vielleicht die beiden Abkürzungen ESAAT und ISAAT aufgefallen.

ESAAT bedeutet European Society for Animal Assisted Therapy, ISAAT ist das Kürzel für International Society for Animal Assisted Therapy.

Bei diesen Organisationen handelt es sich um Vereine zur Erforschung und Förderung der therapeutischen und pädagogischen Wirkung von der Beziehung zwischen Mensch und Tier. Von diesen Verbänden wurden Standards für die Ausbildung der tiergestützten Therapie und Pädagogik entwickelt, an denen sich zahlreiche Vereine und Organisationen orientieren. Dies ist aber für Ausbildungsstätten nicht verpflichtend. Da die Therapiehundeausbildung nur einen kleinen Bereich der Aktivitäten dieser Organisationen betrifft (die tiergestützte Therapie wird auch mit zahlreichen anderen Tierarten angewendet), soll hier im Folgenden nicht weiter darauf eingegangen werden. Wer sich dafür interessiert, findet ausführliche und aktuelle Informationen und einen Leitfaden im Internet unter www.esaat.org.

Ein Beispiel für ehrenamtlich arbeitende Verbände ist die Interessengemeinschaft Therapiehunde (IGTH), die in Böblingen/Sindelfingen, Göppingen, Radolfzell und in Kirkel (Saarland) ausbilden und mit großem Erfolg teilweise in größeren Gruppen schon seit Jahren zusammenarbeiten. Der Jahresbeitrag von den Mitgliedern (die Mitgliedschaft ist Voraussetzung dafür, dass man sich hier ausbilden lassen kann) sowie Spenden helfen diesen Verbänden, sehr gute Ausbildungen anzubieten und sich, da der Grundgedanke von Anfang an das Ehrenamt ist, eigens ausgebildete Teams für Einrichtungen über Jahre gewinnen zu können.

Während meiner beiden Ausbildungen habe ich es sehr genossen, dass wir als zukünftige Therapiehunde-Teams vom Informationsabend bis zur gemeinsam absolvierten Prüfung immer dieselbe Gruppe waren. Für unsere Hunde, die sich nur zum Teil zuvor schon kannten, war dies sehr bereichernd. Nach kurzer Zeit waren sie zum Rudel zusammengewachsen und hatten sichtlich Freude daran, mit Ihren Kumpels zusammen zu arbeiten. Die Möglichkeit, alle 14 Hunde immer wieder frei zusammen laufen zu lassen, war nach einem anstrengenden Besuch in einer Einrichtung, wie zum Beispiel für behinderte Erwachsene, durchaus wichtig – bei einem Hund mehr, beim anderen weniger –, um stressige Situationen sofort abbauen zu können.

Zeitlicher Ablauf der Ausbildung

Die Ausbildung teilt sich auf in einen theoretischen und in einen praktischen Teil, wobei Letzterer sich noch aufteilt in Übungen auf dem Hundeplatz oder einer anderen passenden Örtlichkeit und in Besuche verschiedener Einrichtungen.

Durchschnittlich muss man mit vier bis sechs Wochenenden oder Freitagabenden für den theoretischen Teil der Therapiehundeausbildung rechnen. Für den praktischen Teil werden mehr Wochenenden – im Durchschnitt fünf bis acht Samstage und Sonntage – für die Therapiehundeausbildung angeboten.

Meistens liegen zwischen den Ausbildungswochenenden zwei bis drei „freie" Wochenenden, bei manchen Ausbildungsstätten wird aber auch die gesamte Ausbildung an einem Stück durchgezogen.

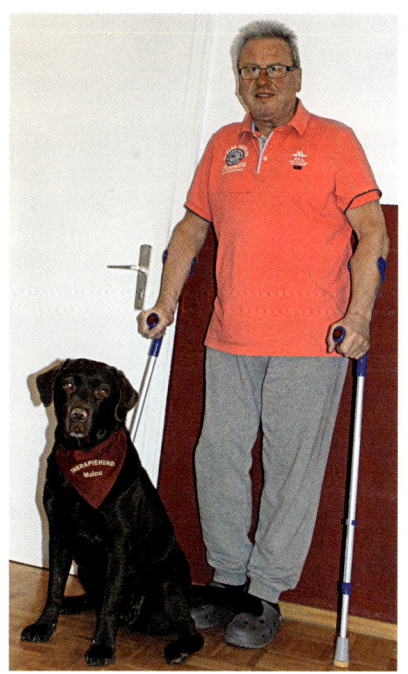

Zur Ausbildung gehört auch das Nachstellen von Situationen aus dem Alltag.

Es kann auch sein, dass Sie sich freitagabends zum theoretischen Teil und Samstag und Sonntag zum praktischen Teil der Ausbildung treffen.

Ob Theorie und Praxis am selben Ort stattfinden, hängt davon ab, ob nur ein (Hunde-)Platz für die verschiedenen Übungen oder auch ein Raum für die Theoriestunden zur Verfügung steht.

Ist der theoretische Teil der Ausbildung abgeschlossen, erfolgt – unabhängig davon, wie weit die praktische Ausbildung fortgeschritten ist – eine theoretische Prüfung, in der das Erlernte abgefragt wird. Es kann aber auch sein, dass sowohl die theoretische als auch die praktische Prüfung unmittelbar hintereinander erfolgen.

Ist der praktische Teil mit dem Besuch von verschiedenen Einrichtungen abgeschlossen, erfolgt die praktische Prüfung, in der Sie mit Ihrem Hund zusammen geprüft werden. Hierbei wird so realistisch wie möglich versucht, Situationen aus dem Alltag des Therapiehunde-Teams nachzustellen.

Theoretischer Teil

Im theoretischen Teil der Ausbildung werden Ihnen wichtige Kenntnisse vermittelt, die Sie als Therapiehunde-Team benötigen, um nicht nur Ihrem Vierbeiner während der „Arbeit" gerecht zu werden. Nach einem gewissen Zeitplan werden die einzelnen Module des theoretischen Unterrichts aufgeteilt, sodass am Ende der Ausbildung alle erforderlichen Bausteine durchgearbeitet worden sind. Meistens bekommen die Teilnehmer gewisse Hausaufgaben auf, die bis zum nächsten Termin abgearbeitet werden sollten. Zu Beginn jeder neuen Unterrichtsstunde werden in der Regel noch offene Fragen, die sich vielleicht beim letzten Mal ergeben haben, geklärt und es wird um ein Feedback der Teilnehmer gebeten. Erst dann wird mit einem neuen Modul begonnen.

Im Folgenden finden Sie eine Liste der Themenbereiche, die zum Theorieteil gehören, wobei die Aufteilung, wann welche Themen abgearbeitet werden, recht verschieden sein kann. Letztendlich sollten aber alle der hier aufgeführten Bereiche darin enthalten sein. Sinnvoll ist es auch, wenn die Teilnehmer vor Beginn der Ausbildung eine Liste mit empfohlener Literatur ausgehändigt bekommen, damit sie sich auf den theoretischen Teil besser vorbereiten können (einige hilfreiche Bücher finden Sie im Literaturverzeichnis).

- Sinn und Ethik der tiergestützten Therapie
- Rechtliche Grundlagen (siehe auch Seite 95 ff.)
- Möglichkeiten für die praktische Arbeit eines Therapiehunde-Teams
- Anatomie und Physiologie des Hundes
- Hundeverhalten und Kommunikation Mensch/Hund
- Anzeichen für Stressverhalten, Stressabbau, Vermeiden von Verhaltensproblemen
- Mögliche Ausbildungsmethoden und spezielle Ausbildung des Therapiehundes
- Zoonosen (siehe auch Seite 110 ff.)

- Gesundheitspflege des Therapiehundes (siehe auch Seite 104 ff.)
- Erste Hilfe, Verletzungen, Allergien beim Hund
- Der richtige Umgang mit Sehbehinderten, Blinden, Hörbehinderten sowie Schlaganfall- und Herzinfarktpatienten
- Ursachen, Symptome, Behandlung und der richtige Umgang mit Patienten mit Erkrankungen wie Epilepsie, Parkinsonkrankheit, Alzheimer, Demenz
- Der richtige Umgang mit Menschen mit körperlichen Behinderungen wie Querschnittslähmung, spastische Lähmungen, Muskeldystrophie und Multiple Sklerose
- Der richtige Umgang mit Menschen mit geistigen Behinderungen wie Down-Syndrom, Autismus, Altersdepression sowie Abhängigkeitserkrankungen
- Der richtige Umgang mit Kindern mit ADHS (Aufmerksamkeitsdefizitstörung) sowie mit Verhaltensauffälligkeiten wie Aggression, Unruhe, Angstverhalten und notorisch geistigen Störungen
- Der richtige Umgang mit traurigen oder trauernden Menschen
- Der richtige Umgang mit Menschen mit psychischen Erkrankungen wie Angststörungen, Depressionen, Borderline, Bipolare Störungen, Manie, Schizophrenie
- Der richtige Umgang mit bettlägerigen Patienten
- Der richtige Umgang mit sterbenden Menschen (Hospizarbeit)
- Erstellen eines Hygieneplans, eines Hospitations- und eines Besuchsplans
- Ideen für Aktionen bei den Besuchen mit dem Therapiehund (Zum Beispiel Gruppenspiele, Kunststückchen für den Hund, Spiele, bei denen ein therapeutisches Ziel verfolgt wird wie das Einlegen eines Hundeleckerlis durch den Besuchten in ein dafür vorgesehenes Holzspielgerät für Hunde. Der besuchte Mensch muss seine „schlechtere" Hand nun einsetzen. Das fällt hierbei einem Menschen zum Beispiel nach einem Schlaganfall oft leichter als bei einem Physiotherapeuten.)
- Grundsätze und Unterschiede von Einzel- und Gruppenarbeit

Was in der Theorie gelernt wird, kann später in der Praxis umgesetzt werden, wie zum Beispiel der richtige Umgang mit geistig behinderten Kindern.

Praktischer Teil

Der praktische Teil ist wohl am spannendsten bei der Ausbildung zum Therapie-hunde-Team! Hier setzen Sie das zuvor im theoretischen Teil Besprochene und Erlernte mit praktischen Übungen um, die zunächst in der Gruppe auf einem Hundeplatz oder einem anderen geeigneten Gelände stattfinden.
Der nächste Schritt ist dann der Besuch von verschiedenen Einrichtungen, in denen zum Beispiel Menschen mit körperlichen und/oder geistigen Behinderun-gen leben und wohnen oder in denen sie arbeiten oder die Schule oder den Kindergarten besuchen.
Bevor Sie mit „Ihrer" Ausbildungsgruppe in eine Einrichtung gehen, ist es sehr wichtig, dass Sie und Ihr Hund mit den zu erwartenden Situationen in vielen ver-schiedenen Übungen lernen umzugehen. Spielerisch werden Hund und Mensch als Team an die spätere Arbeit als Therapiehunde-Team herangeführt.
Spätestens hier zahlt es sich aus, Ausbilder mit viel Erfahrungen, Fortbildungen und Einfühlungsvermögen zu haben. Die eigenen mitgebrachten Erfahrungen der Ausbilder und deren beruflicher Werdegang stelle ich an oberste Stelle! Ein guter Ausbilder ist nicht nur sehr hundeerfahren, sondern er muss auch mit dem Men-schen am anderen Ende der Leine gut umgehen können. So ist auch für uns Men-schen eine sympathische und herzliche Umgebung wichtig, um etwas annehmen und umsetzen zu können. Auch wir brauchen eine positive Bestärkung!

Im Folgenden sind nur einige Beispie-le für wichtige und häufige Übungen aufgeführt, die Ihnen einen Überblick über den Ablauf der Ausbildung ge-ben, wobei da der Fantasie und Mög-lichkeiten der Ausbilder keine Gren-zen gesetzt sind.

Der erste Kontakt

Die Ausbildungsgruppe trifft sich im Freien, am besten in einem einge-zäunten Gelände. Wichtig ist, dass Sie pünktlich sind, da Ihrem Hund sonst die wichtige Kontaktphase mit seinen Artgenossen fehlt oder er hineinplat-zen würde.
Die Ausbilder haben sich schon ein Bild von den Hunden gemacht, so-dass Sie bitte auf deren Ansagen hö-ren, wenn Ihr Hund angeleint werden oder zu Ihnen kommen soll. Es kann

Ein Ausbilder sollte hundeerfahren sein, um die vierbeinigen Schützlinge motivieren zu können.

auch durchaus sein, dass sich einzelne Hunde nicht verstehen. Das kann unterschiedliche Gründe haben, wie zum Bespiel rassebedingt unterschiedliche Mimik oder Körpersprache. Auch gleichgeschlechtliche Hunde sind – je nach Charakter – nicht immer vom ersten Tag an die besten Freunde. Halten Sie dann einen gewissen Abstand, machen Sie Ihren Hund mit kleinen Übungen auf sich aufmerksam und geben den Vierbeinern die Chance, sich langsam kennenzulernen. Je länger man zusammen ist und zusammen arbeitet, umso besser wird dann auch das friedliche Miteinander sein. Erfahrene Ausbilder werden Ihnen zur Seite stehen, Ihnen Tipps geben und gemeinsam mit den Teams versuchen, eine gute Atmosphäre zu schaffen.

Zu Anfang sind die Hunde angeleint und Sie bestreiten schon die erste Übung des Tages: Ruhig an der Leine neben Ihnen auf das Gelände laufen!
Wichtig ist es, sich kurz auszutauschen: Vielleicht ist ein Hund heute nicht ganz so fit oder eine Hündin ist gerade mit der Läufigkeit fertig und könnte doch noch gut riechen.
Wenn alle Teams vor Ort sind und so weit alles geklärt wurde, steht dem kurzen Freilauf auf dem Gelände nichts mehr im Wege. Es sei denn, es wird aus verschiedenen Gründen nicht gewünscht. Nach ungefähr drei Treffen lässt sich in der Gruppe eine gewisse Rudeldynamik beobachten, wenn kein „Neuer" dazukommt.

Das Kennenlernen von anderen Menschen und Hunden gehört schon zu den ersten Übungseinheiten bei der Ausbildung.

Im Folgenden wird eine Reihe von Übungen vorgestellt, die zu der praktischen Ausbildung gehören. Je nach Ausbildungsstätte und räumlichen Gegebenheiten können diese Übungen variieren oder noch durch weitere ergänzt werden.

Grundsätzlich gehören zu der praktischen Ausbildung die Konfrontation mit verschiedenen Reizen, Koordinationsübungen, das Begegnen fremder Menschen und Hunde, das Berühren durch Fremde und – sozusagen als Grundlage für die gesamte Ausbildung – die Festigung des Grundgehorsams. Letzteres sollte allerdings für jeden Hundeführer eine Selbstverständlichkeit sein, auf die hier nicht näher eingegangen wird. Gute Literatur dazu finden Sie im Anhang.

Das „Nein" und ein Freigabewort

Das Wort „Nein" ist eines der wichtigsten Kommandos, das eigentlich jeder Hund beherrschen sollte. Bei einem Therapiehund ist es aber ganz besonders wichtig, dass er sofort ein unerwünschtes Verhalten beendet. Möglichst schon im Welpenalter sollte Ihr Vierbeiner wissen, dass er – egal, was er gerade tut – dieses unverzüglich zu unterlassen hat, wenn Sie das Wort „Nein" sagen.

Genauso wichtig ist aber auch ein Freigabewort. Denn sicherlich kennen Sie das auch: Sie lassen Ihren Hund „Sitz" oder „Platz" machen und er steht irgendwann ohne Aufforderung auf und macht etwas andere. Sie haben einfach vergessen, dass Sie dieses „Kommando" auflösen müssen. Ansonsten entscheidet Ihr Hund allein, wann genug ist, und sucht sich eine andere Beschäftigung, wenn er sich langweilt.

Wenn Sie mit dem Freigabewort arbeiten, fördern Sie die Aufmerksamkeit Ihres Hundes, da er sich immer auf Sie konzentrieren wird, um ja nicht zu verpassen, wenn er etwas anderes machen darf.

Die Übung mit dem „Nein", auch wenn in der Hand die Belohnung wartet, muss der Hund sicher beherrschen.

Im Folgenden ein Beispiel, wie man dem Hund das „Nein" und das Freigabewort beibringen kann. Lassen Sie eine andere Person oder in diesem Fall den Ausbilder ein sehr schmackhaftes Leckerli oder das Lieblingsspielzeug Ihres Hundes in die Hand nehmen. Die Hand ist offen und der Hund schnuppert in diese Richtung. Kurz bevor er sein Ziel mit großer Siegessicherheit erreicht hat, sagen Sie „Nein!". In diesem Moment schließt sich schnell die Hand und der Hund konnte sich nicht belohnen.

Für das Ruhigbleiben darf er mit einem Freigabewort losgeschickt werden, um das Objekt seiner Begierde als Belohnung für das richtige Verhalten zu bekommen.

Hat er nach ein paar Versuchen verstanden, dass es bei „Nein" keine Belohnung gibt, aber wenn er auf seinen Menschen achtet und das Freigabewort hört, mit Erfolg rechnen kann, ist eine Kommunikation in ganz neuer Dimension mit Ihrem Hund möglich.

Beispiele für das Freigabewort könnten sein „Frei" oder „Lauf". Ich selbst habe von dem Wort „Okay" auf „Frei" gewechselt, da einem meiner Ausbilder aufgefallen war, dass ich im normalen Sprachgebrauch relativ häufig das Wort „Okay" benutze. Immer dann schaute mich meine Hündin fragend und erwartungsvoll an. Überlegen Sie also, welches Wort Sie dafür auswählen, damit es im normalen Alltag nicht zu oft vorkommt und Ihr Hund dadurch verwirrt wird.

VERSCHIEDENE SINNESREIZE

Während der praktischen Ausbildung bekommen Sie und Ihr Hund immer wieder verschiedene Parcours mit verschiedenen Sinnesreizen geboten. Am besten werden Gruppen gebildet, die die einzelnen Stationen unter Anleitung eines Ausbilders durcharbeiten. Hilfestellung und Feedback sind sehr wichtig, wenn Ihr Hund bei einzelnen Stationen Hilfe benötigt. Hier lernen Sie auch, mögliche Stresssymptome beziehungsweise Zeichen für Unsicherheit oder Überforderung bei Ihrem Hund zu erkennen, und gleichzeitig, wie Ihr Vierbeiner im richtigen Moment positiv bestärkt wird.

Optische Reize verbunden mit Enge

Ein großes Flattertuch wird von mehreren Kursteilnehmern an verschiedenen Stellen gehalten. Sie gehen zusammen mit Ihrem Hund unter das hoch gehobene Tuchdach. Verhält sich Ihr Hund ruhig und zeigt keine Angst oder Unsicherheit, kann im nächsten Schritt das Tuch von den Helfern etwas in Richtung Bodennähe gesenkt werden, bis schließlich Sie und Ihr Hund gemeinsam unter dem Tuch in einer „Höhle" sitzen. Eine ähnliche Übung war ja auch schon Bestandteil des Eignungstests (siehe Seite 42 ff.).

Wenn die Übung für Ihren Hund kein Problem darstellt, kann er sie auch allein meistern.

Der Tunnel

Diese Übung kennen Sie sicher noch aus der Welpenschule. Sie ist hervorragend dafür geeignet, um dem Hund Sicherheit in dunklen und engen Räumen zu vermitteln und sorgt bei den meisten Hunden, wenn sie den Tunnel erst einmal durchlaufen haben, für großen Spaß!

Bei dieser Übung hält eine Hilfsperson den Hund auf einer Seite des Tunnels fest, während Sie sich auf die andere Seite begeben. Für den Hund sind Sie zunächst durch den Tunnel sichtbar. Dann rufen Sie den Hund zu sich. Sobald er durch den Tunnel gelaufen ist, wird er sofort bestätigt und gelobt. Da ein Tunnel in Länge und Form meistens variabel ist, kann die Übung in verschiedenen Schwierigkeitsgraden durchgeführt werden.

Eine Variante dieser Übung mit einem für das Hundetraining üblichen Sacktunnel ist das Durchlaufen eines Tunnels, der durch die anderen Teilnehmer des Kurses gebildet wird.

Hierfür stellen sich alle Personen in zwei Reihen gegenüber und dicht nebeneinander auf, wobei die Arme der Gegenüberstehenden jeweils gefasst werden. Nun soll der Hund mit und – im Idealfall – später auch ohne seinen Hundeführer diesen „Menschen-Tunnel" durchlaufen.

Eine weitere Steigerung dieser Übung ist dann die Kombination mit akustischen Reizen. Hierfür halten die Teilnehmer jeweils ein lärmendes Instrument in der Hand, wie zum Bespiel eine Rassel, eine Rätsche oder ein Tamburin, das betätigt

Das Durchlaufen des Tunnels ist eine ganz wichtige Übung, die Hunde häufig schon im Welpenkurs kennenlernen.

Bei der Therapiehundeausbildung gehört das Durchlaufen des „Menschentunnels"
zum Programm.

wird, wenn der Hund hindurchläuft. Allerdings sollte man nicht genau in dem Moment, in dem der Hund das Instrument passiert, es plötzlich ertönen lassen. Wer kein Instrument zur Hand hat, kann auch einfach in die Hände klatschen.

ACHTUNG!

Das Benutzen von Hundepfeifen sollte bei solchen Übungen vermieden werden, *da der eine oder andere Teilnehmer seinen Hund vielleicht damit ausbildet.*

Die Gespenst-Übung

Vielen von Ihnen dürfte diese Übung aus dem Wesenstest bekannt sein: Jemand verkleidet sich mit einem Überhang oder Regencape und zieht die Mütze bis in sein Gesicht. Ein Besen oder Stab mit oder ohne irgendeinem Gegenstand versehen, der Geräusche erzeugt, verleihen dem Gespenst noch mehr an Ausdruck. Meine eigenen Beobachtungen haben gezeigt, dass Hunde aus dem Tierschutz bei dieser Übung häufig Ängste und Verhaltensänderungen zeigen. Oft ist es der Stab oder der Besen, der die Hunde teilweise extrem ängstigt.
Eine vergleichbare Übung gehört schon zum Eignungstest. Falls ein Hund darauf panisch reagiert, sollte man ihm den Ausbildungsstress ersparen, was sicherlich im Sinne sowohl des Tieres als auch des Menschen ist.

Bei der „Gespenst-Übung" kann man erkennen, wie der Hund auf ungewohnte Situationen reagiert.

Wackelbrett oder Wackelbrücke als Koordinationsübung

Diese Übung erfordert Mut vom Vierbeiner. Sie beansprucht nicht nur Muskulatur, Nerven und Sehnen und verbessert die Koordination, sondern setzt auch voraus, dass der Hund volles Vertrauen zu Ihnen hat.

Da bei dieser Übung der gesamte Bewegungsapparat beansprucht wird, sollte sie immer erst durchgeführt werden, wenn der Hund seine Muskulatur aufgewärmt hat, also schon eine gewisse Zeit in Bewegung war. Auf keinen Fall sollten Sie Ihren Hund aus dem Auto holen und ihm gleich solche oder ähnliche Übungen, bei denen er springen oder Slalom laufen muss, abverlangen.

Im Fachhandel werden übrigens sogar Wackel-Wippen extra für Welpen angeboten.

Wenn Ihr Hund diese Übung noch nicht kennt, lassen Sie ihn erst einmal an diesem wackeligen Ding schnuppern und in Ruhe inspizieren. Wenn

An das Überqueren der Wackelbrücke muss der Hund ganz langsam herangeführt werden.

er sich noch nicht von allein traut, die Brücke oder das Brett zu betreten, können Sie ihn mit der Führhand, in der Sie ein Leckerli bereithalten, langsam über diesen ungewohnten Untergrund führen. Zunächst reicht ein vorsichtiges Überqueren völlig aus, was natürlich sofort bestätigt wird. Hat der Hund gelernt, wie man sicher über eine Wackelbrücke oder ein Wackelbrett läuft, können Sie ihn dann auf der Brücke oder dem Brett für eine kurze Zeit anhalten lassen, sodass er im Stehen das Gleichgewicht halten muss. Das fördert die Koordination ganz besonders. Dann wird der Hund sofort bestätigt und langsam von dem Gerät wieder heruntergeführt.

Sollte sich Ihr Hund nach mehreren vorsichtigen Versuchen immer noch mit dieser Übung schwer tun, kann es sein, dass er Probleme mit seinem Innenohr hat. Denn das Gleichgewichtsorgan befindet sich wie bei uns auch beim Hund in den Bogengängen des Innenohrs. Sollte er also Schwierigkeiten haben, sein Gleichgewicht zu halten, lassen Sie ihn diesbezüglich untersuchen, um eine Erkrankung des Innenohrs ausschließen zu können.

An dieser Stelle daher auch ein Hinweis für die Ausbilder: Denken Sie an die Möglichkeit, dass eine noch nicht bekannte Innenohrerkrankung oder Probleme des Bewegungsapparates vorliegen könnten, falls der Hund diese Übung partout nicht ausführen möchte oder kann.

Erfahrene Hunde sollten auf der Wackelbrücke auch allein ohne Hundeführer ruhig stehen bleiben können.

Auch bei solchen Übungen ist es – wie schon zuvor empfohlen – wichtig, die Therapiehundeausbildung erst mit einem Hund zu beginnen, der schon die Begleithundprüfung bestanden hat. Denn dann hat der Hund das Alter erreicht, in dem seine Knochen und Gelenke voll ausgebildet sind, und kann durchaus solche körperlichen Anforderungen meistern.

Sollte Ihr Hund Ihnen bekannte Probleme mit dem Bewegungsapparat haben, müssen Sie das der Ausbildungsleitung vor Beginn der Ausbildung mitteilen und gegebenenfalls auch zur Sicherheit bei den einzelnen Übungen den Ausbilder erneut darauf hinweisen.

ACHTUNG!

Bei nassem oder frostigem Wetter sollten solche und ähnliche Übungen nicht durchgeführt werden, da hier schnell eine Rutsch- und Verletzungs- *gefahr besteht. Außerdem sollten die Geräte regelmäßig auf ihre Stabilität hin überprüft werden.*

Kontakt zu Fremdpersonen mit Hund oder kleinen Kindern

Diese Übung ist wichtig für den späteren Besuch, zum Beispiel in einer Einrichtung, in der viele Besucher auch mit eigenen Hunden ein- und ausgehen, denn es gäbe kein gutes Bild ab, wenn Ihr Vierbeiner in punkto Lärm und Leinenführigkeit vor dem Eingang den Aufstand probt.

Das Begrüßen fremder Personen mit Hund ist auch in vielen anderen Disziplinen der Hundeausbildung eine wichtige Übung.

Diese Übung hört sich im Vergleich zu den vorherigen erst einmal einfach an, erfordert aber in hohem Maß Ihre Aufmerksamkeit und das richtige Timing für die positive Bestärkung.

Sie lernen, wie Sie Ihren Hund neben und ein kleines Stückchen hinter sich absetzen oder ablegen, während Sie der Fremdperson, die ihrerseits einen Hund an der Leine hat, von dem Sie nur wissen, dass er anderen Hunden und Menschen wohlgesonnen ist, die Hand reichen (übrigens auch eine wichtige Übung für andere Prüfungen oder für Ausstellungshunde).

Als Variante wird dann diese Übung mit einer Person durchgeführt, die ein oder zwei kleine Kinder bei sich hat, die vielleicht auch etwas lauter sind oder mal herumhüpfen möchten.

Um die Sicherheit und den Grundgehorsam hierbei zu festigen, sollten Sie auch im Alltag immer wieder ähnliche Situationen suchen, bei denen sich Ihr Hund im Sitz oder Platz ruhig verhalten muss, bis er zum Aufstehen wieder aufgefordert wird.

Untersuchung und Berührung durch eine Fremdperson

Bei dieser Übung wird eine Situation nachgestellt, in der Ihr Hund von einer Fremdperson, wie es zum Beispiel beim Besuch einer Einrichtung häufig vorkommt und auch von den besuchten Personen oft gewünscht wird, an verschiedenen Stellen seines Körpers gestreichelt, berührt, angefasst und gekrault wird.

Das Berühren durch fremde Personen muss sich ein Therapiehund bei der Arbeit gefallen lassen.

Geschickt ist es, wenn Sie einen kleinen, stabilen Tisch mit rutschfester Unterlage (wie zum Beispiel Kunstrasen oder Teppichreste, die im Baumarkt erhältlich sind) für diese Übung verwenden, auf die der Hund positioniert wird.
Besonders sinnvoll ist dieser erhöhte Standort für kleine Hunde. Denn so haben zum Beispiel Personen, die im Rollstuhl oder in einem Sessel sitzen, auch die Möglichkeit, einen kleinen Hund streicheln zu können. Aber auch für große Hunde ist es eine gute Übung und außerdem ein Spaß, auf den Tisch zu springen.

Ein guter Aufbau der Übung ist auch hier sehr wichtig. Zuerst muss der Hund lernen, ruhig auf dem Tisch zu stehen, zu sitzen oder zu liegen, je nachdem, was ihm besser gefällt. Dann kommt der zweite Teil der Übung:
Verschiedene Personen – wenn es geht beiderlei Geschlechts – „untersuchen" auf dem Tisch die Pfoten des Hundes, streicheln über das Fell, schauen in die Ohren und berühren diese sanft, streicheln über den Fang, ziehen die Lefzen vorsichtig hoch und schauen die Zähne an. Auch das gleichzeitige Berühren von einer weiteren Person, die sich von hinten nähert, sollte nach einem guten und vorsichtigen Übungsaufbau möglich sein.
Ist Ihr Hund an den Pfoten oder an anderen Körperstellen kitzelig oder mag er dort eine Berührung nicht so gern? Dann teilen Sie dies bitte vor der Übung Ihrem Ausbilder mit, um eventuell gezielt daran arbeiten zu können, Alternativen aufgezeigt zu bekommen und – ganz wichtig – Ihrem Hund mit dieser Übung unnötig negative Erfahrungen zu ersparen.

Die Rollstuhletikette

Was kann man sich unter diesem Begriff vorstellen? Hier geht es um das gute Einmaleins im Umgang mit Behinderten, die auf einen Rollstuhl angewiesen sind. Sie müssen lernen, wie man sich richtig gegenüber Personen verhält, die im Rollstuhl sitzen.

- Wenn Sie einem Rollstuhlfahrer begegnen, geben Sie ihm nicht das Gefühl, dass Sie ihn furchtbar bemitleiden, ihn für krank halten und es ganz schrecklich finden, dass er auf einen Rollstuhl angewiesen ist. Für behinderte Menschen ist der Rollstuhl ein wichtiges Hilfsmittel, das ihnen ermöglicht, sich unabhängig frei fortzubewegen.
- Drängen Sie sich nie auf, indem Sie einfach den Rollstuhl mitsamt seinem Insassen herumfahren oder einfach auf die Seite schieben, weil er vielleicht gerade im Wege steht. Fragen Sie immer, ob Ihre Hilfe gewünscht ist.
- Benutzen Sie den Rollstuhl nicht einfach zum Anlehnen oder Abstützen, denn er gehört zur Persönlichkeit des Behinderten, ist sozusagen ein wichtiger Teil von ihm. Daher sollte man respektvoll Abstand halten.
- Sprechen Sie den Rollstuhlfahrer immer direkt an, auch wenn Hilfspersonen anwesend sind, und tun Sie nicht so, als könnte die behinderte Person Sie nicht verstehen oder wäre gar nicht anwesend. Behandeln Sie die Person auf keinen Fall wie ein Kind, indem Sie sie vielleicht irgendwo tätscheln. Wie andere Menschen mögen das auch nicht alle Behinderten.

Die Rollstuhletikette ist eher etwas für den Zweibeiner. Da darf der Hund mal eine Pause einlegen.

- Wenn Sie ein längeres Gespräch mit der Person im Rollstuhl führen, hocken Sie sich hin oder setzen Sie sich auf einen Stuhl daneben, sodass man sich auf gleicher Höhe befindet. Das ist die beste Grundlage für ein gutes Vertrauensverhältnis im Gegensatz zu einer erhöhten und somit überlegen wirkenden Position.
- Falls ein Rollstuhlfahrer vom Rollstuhl in einen Sessel, ins Bett, ins Auto oder auf die Toilette wechselt, lassen Sie den Rollstuhl immer in unmittelbarer Nähe stehen.

Richtiger Umgang mit dem Rollstuhl

Nicht nur der Umgang mit einem Rollstuhlfahrer, sondern auch das richtige Manövrieren und Handhaben eines Rollstuhls will gelernt sein. Außerdem sollten Sie wissen, wie sich dabei der Hund an der Leine zu verhalten hat. Ebenso muss Ihr Hund einen Rollstuhl sowie verschiedene andere Gehhilfen kennenlernen, damit er später nicht unsicher darauf reagiert.

In den Örtlichkeiten Ihrer Ausbildungsstätte sind in der Regel ein Rollstuhl und auch andere Gehhilfen vorhanden. Damit können Sie dann die richtige Handhabung üben und Situationen, wie sie später auftreten werden, simulieren.

Aber zunächst einmal einige Hinweise, wie man einen Rollstuhl richtig handhaben kann:

Sowohl der Behinderte als auch die Person, die den Rollstuhl schiebt, muss über Technik und Funktion dieses Hilfsmittels informiert sein und sie anwenden können. **81**

Mit Leckerli oder Spielzeug wird der Hund vorsichtig an den Rollstuhl herangeführt.

Für den Transport ist es wichtig zu wissen, welche Teile wie zum Beispiel Armlehnen, Kopfstütze und so weiter abgenommen werden können und welche fest montiert sind. Außerdem sollte man natürlich genau wissen, wie die Bremsen funktionieren und bedient werden.

Grundsätzlich haben Rollstühle zwei große und zwei kleine Räder. Die kleinen Räder fungieren als Steuerräder und können sich je nach Modell vorne oder hinten befinden.

Abhängig davon ist dann auch die Handhabung, wenn man zum Beispiel eine Stufe oder Bordsteinkante überwinden muss. Lassen Sie sich die richtige Handhabung von einer Fachkraft oder von dem Ausbilder zeigen und üben Sie das mit einem der Trainingspartner, der sich als Versuchsperson in den Rollstuhl setzt. Lassen Sie sich auch zeigen, wie man einen Rollstuhl richtig zusammenklappt, wenn man zum Beispiel beim Transport behilflich sein will.

Versuchen Sie nie, dem Rollstuhlfahrer allein zu helfen, wenn eine Treppe zu überwinden ist oder wenn er in einem Fahrzeug transportiert werden soll. Hierzu sind grundsätzlich immer zwei Hilfspersonen erforderlich – ganz besonders, weil Sie dann ja auch Ihren vierbeinigen Partner noch an der Leine führen müssen.

Sicher können Ihnen die meisten Menschen, die auf dieses Hilfsmittel angewiesen sind, bestätigen, dass es teilweise zu chaotischem Fahrstil kommt, wenn man von jemandem geschoben oder gelenkt wird, der damit keine Erfahrung hat – ganz abgesehen davon, wenn Treppenstufen oder andere Hindernisse überwunden werden müssen.

Aus meiner Zeit, als ich im Altenpflegeheim mein Freiwilliges Soziales Jahr absolviert habe, kann ich mich sehr gut daran erinnern, dass die Rollstühle häufig zu wenig Luftdruck in den Reifen hatten. Das führt beinahe automatisch zu einem „Schlingergang" beim Schieben. Denken Sie also daran, dass Sie den Reifendruck prüfen (oder prüfen lassen), vor allem wenn es nach draußen in den Garten geht und immer wieder Stufen zu überwinden sind. Ist nämlich zu wenig Luftdruck auf den Reifen, lässt sich der Rollstuhl deutlich schwerer manövrieren, hat einen schlechteren Fahrkomfort und belastet auch den Rücken der schiebenden Person unnötig.

Nicht zuletzt muss der Rollstuhl als Hilfsmittel natürlich völlig intakt sein und darf keine herausstehenden Teile haben, an denen sich unter Umständen Ihr Hund verletzen könnte.

Bei der Ausbildung kann also das Training folgendermaßen aussehen:
Eine Person setzt sich in den Rollstuhl. Locken Sie mit Stimme und Leckerli oder Spielzeug Ihren Hund in die Nähe und bestätigen Sie sofort, wenn sich der Hund richtig verhält, wobei der Abstand immer weiter verringert wird, bis Ihr Hund den Rollstuhl beziehungsweise die Person (fast) berührt. Sie können auch das Lieblingsspielzeug Ihres Hundes unter den Rollstuhl legen, um ihn dazu zu motivieren, sich diesem Gefährt zu nähern, und damit er den Rollstuhl mit etwas Positivem verknüpft, da er ja an sein Spielzeug gelangt.

Eine weitere wichtige Übung wäre auch, dem Rollstuhlfahrer zu ermöglichen, dass er den Hund streichelt. Kommt die Person nicht an den Hund heran, weil dieser zu klein ist, von sich aus keinen engen Kontakt aufnimmt oder sich auf den Schoß setzt, ist die Verwendung eines Tisches sinnvoll.

Stellen Sie hierfür einen kleinen, stabilen Tisch, auf dem eine Anti-Rutsch-Matte gut fixiert ist, neben den Rollstuhl. Der Hund soll lernen, brav auf dem Tisch sitzen zu bleiben und sich von der Person im Rollstuhl anfassen zu lassen.

So kann das Training mit dem Rollstuhl aussehen.

Die weiteren Übungen erfolgen nun mit dem Rollstuhl in Bewegung. Schieben Sie den Rollstuhl, in dem eine Person Platz genommen hat, umher, während Sie Ihren Hund gleichzeitig an der Leine führen. An welcher Seite der Hund laufen sollte, ist hierfür nicht vorgeschrieben. Es kann aber nicht schaden, wenn Ihr Hund an beiden Seiten korrekt an der lockeren Leine nebenher läuft. Denn falls man im Straßenverkehr unterwegs ist, sollte der Hund immer auf der verkehrsabgewandten Seite geführt werden. Der Hund sollte möglichst auf gleicher Höhe der Räder ruhig nebenher laufen.

RICHTIGE LEINENLÄNGE

Wird der Hund neben dem Rollstuhl geführt, darf die Leine nicht zu kurz sein, damit er einen gewissen Spielraum hat, um im Notfall nicht „unter die Räder zu kommen". Ich würde eine Leine mit einer Länge von etwa 1,30 Meter und einer einfachen Schlaufe empfehlen. Leinen, die man in verschiedenen Längen mit den Bolzenhaken einstellen kann, sind hierfür nicht geeignet, da sich die Metallhaken beim Laufen dann auf gleicher Höhe wie der Rollstuhl befinden und dagegen schlagen können.

Ein Rollator ist auch ein wichtiges Hilfsmittel, das einem Therapiehund häufig begegnet.

Gewöhnung an andere Gehilfen

Auch mit den anderen Gehhilfen wie Rollator, Krücke oder einfach auch nur Gehstock sollten Übungen durchgeführt werden. Ideal ist es natürlich, wenn Ihr Hund schon vorher solche Hilfsmittel kennengelernt hat, wie zum Beispiel beim Besuch eines Orthopädie-Fachgeschäft (siehe Seite 55 f.). Aber auch wenn das nicht der Fall ist, bietet sich bei der praktischen Ausbildung noch genug Gelegenheit dazu. Hier geht es zum einen darum, dass der Hund diese merkwürdigen Gerätschaften schon kennt und dadurch nicht verunsichert wird. Andererseits soll er sich daran gewöhnen, dass manche Menschen einfach eine andere „Gangart" haben als üblich. Denn wenn Hunde jemandem mit Gehhilfen noch nie vorher begegnet sind, reagieren sie häufig mit Unsicherheit oder bellen die Personen als vermeintliche Gefahr vielleicht sogar an.

Erst einmal sollten die verschiedenen Hilfsmittel dem Hund spannend und interessant präsentiert werden. Zu Anfang dürfen sie noch auf dem Boden liegen. Der Hund kann sie dann vorsichtig beschnüffeln und betrachten, wobei er sofort mit Lob und/oder Leckerli bestätigt wird, wenn es sich selbstbewusst den Gegenständen nähert und sie inspiziert.

Als Nächstes bewegt sich dann eine Person mit den Gehilfen, wobei der Hund auch wieder bestätigt wird, sobald er sich gelassen und ruhig verhält, wenn jemand damit an ihm vorbeigeht oder er an der Person vorbeigeführt wird.

ACHTUNG BEI RÜDEN!

Falls Sie einen Rüden führen, der sehr gern markiert, achten Sie darauf, dass er weder an einem Rollstuhl, einem Rollator oder anderen Gehilfen sein Bein hebt. Die Erfahrung hat gezeigt, dass dieses durchaus vorkommen kann. Denn nichts wäre peinlicher, als wenn Ihr Hund bei einem Besuch seine Duftmarken hinterlassen möchte.

Ein weiterer Schritt ist das Fallenlassen von einer Krücke oder einem Gehstock, was anfangs in einer Entfernung von mindestens fünf Metern erfolgen sollte. Wenn Ihr Hund auch darauf völlig gelassen reagiert, kann die Entfernung allmählich verringert werden. Ziel ist, dass Ihr Hund völlig ruhig bleibt, auch wenn direkt neben ihm ein entsprechender Gegenstand zu Boden fällt, und zwar auch auf einem harten Untergrund – sowohl draußen als auch in einem Gebäude –, was zusätzlich ein unangenehmes, lautes Geräusch verursacht.

Ebenso sollte immer mal wieder ein Teamkollege ohne ein Hilfsmittel mit ungewöhnlichen Bewegungen an den anderen Mensch-Hund-Teams vorbeigehen, um die Hunde daran zu gewöhnen, dass sich manche Menschen auch ohne Gehhilfen – aus Hundesicht merkwürdig bewegen. Denn auch wenn keine unbekannten Gegenstände oder Geräte hierbei eine Rolle spielen, wirkt ein gehbehinderter

WICHTIG!

Fragen Sie Ihr Gegenüber bitte immer, bevor Sie spontan helfend Ihren Arm unterhaken. Denn es gibt Menschen, die mit dieser Zudringlichkeit und Körpernähe nicht umgehen können und vielleicht dann auch barsch auf Sie reagieren. Bitte sprechen Sie auch nicht in der Kinder- oder Babysprache mit erwachsenen Menschen, die vielleicht eine Behinderung haben oder schon älter sind, sondern ganz normal so wie mit jedem anderen Menschen auch. Nehmen Sie Ihr Gegenüber ernst und grenzen die Person nicht aus, indem Sie keine Fragen stellen.

Mensch immer befremdlich auf Hunde, die daran nicht gewöhnt sind. Beispiele in der Praxis sind Schlaganfallpatienten oder Menschen mit einer Peroneuslähmung (Lähmung der Muskulatur, die für die aktive Bewegung der Zehen oder des Fußes zuständig ist).

Entspannungsübungen und Erholung
Auch für Hunde gilt: Wer viel arbeitet und sich lange konzentriert, muss sich zwischendurch auch mal entspannen und erholen. Denn viele Hundehalter unterschätzen häufig, wie anstrengend ein Training oder später auch die Tätigkeit als Therapiehund für ihren Vierbeiner ist.
Wenn das Wetter es zulässt, dann gruppieren Sie sich im Kreis so, dass jeder mit seinem Hund auf einer etwas größeren Decke sitzt. Dann können Sie durch sanfte Massage oder Streicheleinheiten etwas für die Wellness Ihres Hundes tun. Sie werden sehen, wie sehr er das genießen wird, sich dabei völlig entspannt und anschließend wieder leistungsfähiger und aufnahmebereiter wird.

Wenn Sie damit keine Erfahrung haben, gibt Ihnen Ihr Ausbilder sicherlich ein paar gute Tipps dafür, was Sie bei Ihrem Hund am besten anwenden.
Ideal ist es, wenn das Gelände auch eine Art „Wellnessbereich" bietet, in dem die verschiedenen Sinne angeregt werden und man sich gleichzeitig auch entspannen kann. Das gilt sowohl für den Hund als auch für den Menschen. Es

Nach getaner Arbeit darf sich der Hund auch ruhig mal entspannen.

ist der ideale Abschluss für eine Trainingseinheit und fordert auch noch einmal die volle Konzentration des Hundes.

Hier einige Gestaltungsideen:
Wird in einem Bereich zum Beispiel der Untergrund mit verschiedenen Materialien abwechslungsreich gestaltet, werden unterschiedliche Reize über die Tastrezeptoren an den Pfoten an das Gehirn des Hundes weitergeleitet. Diese haptischen Reize regen die Gehirntätigkeit an und fördern die Wahrnehmung.

Für den Untergrund könnte man beispielsweise Sand, Rindenmulch, Kieselsteine, verschiedene Gitterplatten und weiche Matten in verschiedenen Strukturen verwenden; alles ist in einem Baumarkt erhältlich. Eine stabile Brücke über ein kleines Bächlein ist sicher ein Highlight!

Auch olfaktorische Reize, also verschiedene Gerüche, regen die Sinne bei Mensch und Tier an. Hierfür wäre zum Beispiel ein Beet mit duftenden ungiftigen Kräutern und Stauden geeignet, durch das man langsam geht, um die verschiedenen Düfte aufnehmen zu können.

Abgrenzen kann man diesen Wellness-Bereich mit verschiedenen Zaunelementen oder Wänden. Die einzelnen Elemente, wie Sand oder Steine, in einer Einfassung, ähnlich wie auf dem Trimm-Dich-Pfad im Kneipp-Bereich, ist eine harmonische und für das Auge gut strukturierte Ordnung. Im oberen Bereich können noch leise Windspiele oder Flatterbänder aufgehängt werden. Möglichkeiten gibt es genügend. Viel Spaß bei der Gestaltung!

Hund und Mensch können sich im „Wellnessbereich" etwas erholen und gleichzeitig ihre Sinne anregen.

87

DIE ARBEITSKLEIDUNG DES THERAPIEHUNDES

Wenn Sie später Ihrer Tätigkeit als Therapiehunde-Team nachgehen, sollte Ihr Hund immer wissen, dass es nun „ernst" wird und dass er konzentriert „arbeiten" muss. Eine bestimmte Arbeitskleidung kann zum Beispiel die Sache erleichtern. Da Hunde auch Gewohnheitstiere sind und schnell Verknüpfungen herstellen, ist es sinnvoll, wenn sie irgendetwas Bestimmtes immer mit der von Ihnen erwarteten Tätigkeit verbinden, so wie Fährtenhunde, Mantrailing-
Hunde oder auch Blindenführhunde genau wissen, dass sie im „Dienst" sind, wenn ihnen das Geschirr angelegt wird. Bei einem Therapiehund bietet es sich zum Beispiel an, ihm ein Halstuch oder ein bestimmtes Geschirr anzulegen, das er nur trägt, wenn es zur „Arbeit" geht. Das wird er sehr schnell verknüpfen und dann schon darauf vorbereitet sein. Und ebenso weiß der Hund bald, dass die Arbeit beendet ist, wenn die „Dienstkleidung" abgenommen wird.

Besuch verschiedener Einrichtungen

Bevor Sie Ihre Prüfung als Therapiehunde-Team ablegen, sollten Sie natürlich auch im Rahmen der Ausbildung einige verschiedene Einrichtungen besuchen und kennenlernen, damit Sie sich konkret ein Bild davon machen können, was

Schön ist es, wenn der Name des Hundes und die Bezeichnung seiner Funktion auf der „Dienstkleidung" zu lesen sind.

später auf Sie zukommt. Außerdem ist es natürlich wichtig, dass Sie mit Ihrem Hund schon mal solche „ernsten" Übungen durchführen, um festzustellen, ob er auch wirklich ein guter Therapiehund wird.

Als Therapiehunde-Team sollten Sie idealerweise kennenlernen:
- Senioren- und Pflegeheime
- Einrichtungen für Menschen unterschiedlichen Alters mit körperlichen und geistigen Behinderungen
- Kindergärten und Schulen, die von Kindern mit und ohne Behinderungen besucht werden
- Demenzgruppen

Ein Krankenhaus, ein Hospiz oder eine Komawachstation sind dagegen Einrichtungen, die Sie selten oder gar nicht im Rahmen der Ausbildung besuchen werden.

Der Besuch verschiedener Einrichtungen gehört zum praktischen Teil der Ausbildung.

Grundsätzlicher Ablauf eines Besuchs

Üblicherweise treffen sich die Teams direkt vor Ort zur jeweiligen Einrichtung. Bewährt hat es sich, dass kleinere Gruppen von drei bis fünf Mensch-Hund-Teams zusammen mit einem Ausbilder verschiedene Bereiche und Personen der Einrichtungsstätte aufsuchen.

Die Besuche in kleinen Gruppen sind nicht nur für unsere Hunde von Vorteil. Auch Menschen zum Beispiel mit Mehrfachbehinderungen können sich besser auf einzelne Hunde konzentrieren und werden nicht mit zu vielen Eindrücken auf einmal konfrontiert.

Der Ausbilder sollte einen Zeitplan für den Ablauf des Besuchs haben und Bescheid wissen über die Erkrankungen der besuchten Personen. Auch wie sich die einzelnen Personen gegenüber Tieren oder fremden Menschen verhalten, muss bei so einem Besuch berücksichtigt werden. Hier gehen auf alle Fälle der Schutz Ihres Hundes und der Eigenschutz vor.

Zwingen Sie Ihren Hund nicht, Situationen meistern zu müssen, sondern lernen Sie zu erkennen, wie sich Ihr Hund verhält. Falls für Ihren Vierbeiner eine Einrichtung mit Kleinkindern nicht der richtige Ort ist, fühlt er sich vielleicht in einem Altenheim sehr wohl.

Für Ihre spätere Tätigkeit ist es sehr wichtig, hier genau hinzuschauen, um festzustellen, was Ihnen beiden gut gefallen würde.

Nicht jeder Hund fühlt sich in einer Einrichtung mit Kindern so wohl, wie es hier der Fall ist.

Manche Hunde ziehen den Umgang mit etwas ruhigeren Senioren dem Trubel in einem Kindergarten vor.

Eine Person der Einrichtung sollte auf jeden Fall immer, wie beim späteren Besuch auch, mit im Raum sein, um gegebenenfalls dem Besuchten helfen zu können. In Einrichtungen mit geistig behinderten Menschen kann Ihr Hund lernen, dass es Menschen gibt, die schrille Laute von sich geben. Seien auch Sie darauf gefasst, damit Sie sich nicht selbst erschrecken, und bleiben Sie ruhig. Das überträgt sich sonst auf Ihren Hund.

Es ist sehr anstrengend für Mensch und Hund, sich auf fremde Personen mit oder ohne Behinderungen an einem Tag mehrmals einzulassen, um die jeweilige Einrichtung kennenzulernen.

Manche der Teilnehmer in meinem Kurs, die zuvor Einrichtungen für behinderte Menschen nur von außen gesehen hatten, waren im Nachgespräch sehr nachdenklich und vom eigenen Hund häufig positiv überrascht worden.

Es war sehr wichtig, dass uns nach jedem Besuch in der Einrichtung ein Raum zur Verfügung stand, um das Erlebte noch einmal revuepassieren zu lassen. Die einzelnen Teams und die Ausbilder konnten noch einmal der Gruppe über ihre gesammelten Eindrücke und Erfahrungen in den jeweiligen Situationen berichten. Hier war auch Platz für Kritik, Lob und Anregungen.

Beispiel für einen Besuch während der Ausbildung

Für einen Besuch in einer Einrichtung sind eine gute Organisation, Vorkenntnisse und die Überlegung, wie viele und welche Menschen besucht werden sollen, wichtig.

Nach zeitlicher Vorgabe gehen Sie mit Ihrer „kleinen Gruppe" etwa 15 Minuten zu einem jungen Mann, der seit drei Jahren im Rollstuhl sitzt. Sie haben gelernt, dass Sie und andere Teams sich locker um eine Person herum sammeln und diese nicht bedrängen.

Ihr Ausbilder bittet nun Sie und Ihren Hund, da Ihr Hund gerade sehr entspannt ist, zu der Person zu gehen. Vielleicht darf Ihr Hund ein Leckerli vom Tischchen holen. Oder die Person „wirft" ein Dummy oder einen Gegenstand und Ihr Hund apportiert es wieder.

Sprechen Sie sich innerhalb der Gruppe ab, wie der Ablauf sein soll. Hierbei sollten die Hunde gut harmonieren, dann klappt es in der Regel am besten. Vielleicht bekommen Sie auch eine Aufgabe, die Ihre Gruppe in der Einrichtung ausarbeiten soll.

Es ist ideal, wenn die Ausbilder „ihre" besuchten Menschen kennen. Denn dann ist es einfacher, mit einer Gruppe dort zu „arbeiten", um realistisch zeigen zu können, was man mit wem therapeutisch machen kann und warum und auch mit wem das nicht möglich ist.

Auch positive Rückmeldungen über kleine Erfolge und erreichte Ziele eines Konzepts durch die Therapiehundearbeit können Ihnen Ihre Ausbilder berichten.

Die Prüfung als Abschluss

Als Abschluss der Ausbildung zum Therapiehunde-Team erfolgen in der Regel eine schriftliche und eine praktische Prüfung.

Wie eingangs schon erwähnt, gibt es noch keine geregelten und für alle Therapiehunde-Ausbildungsstätten einheitlichen Prüfungsmodelle. Daher werde ich an dieser Stelle nicht detailliert auf die Themen und den Ablauf der Prüfung eingehen. Sie werden selbst im Rahmen Ihrer Ausbildung erfahren, was am Ende in der Prüfung von Ihnen als Team verlangt wird, damit Sie später offiziell als Therapiehunde-Team arbeiten können.

Die Prüfung ist in jeder Ausbildungsstätte anders geregelt und es würde Sie eventuell verunsichern, wenn hier ein Beispiel aufgeführt würde, was dann davon abweicht.

WICHTIG!

Alles, was Sie und Ihr Hund (kennen) gelernt haben, kann bei der Prüfung „abgefragt" werden. Versuchen Sie bitte auch bei der praktischen Prüfung trotz Aufregung immer fair und kooperativ mit Ihrem Hund zu sein. Er merkt Ihnen Ihre Aufregung sicher am Abend zuvor schon an.

Hier sieht man, wie mit einem Therapiehund physiotherapeutische Übungen für Patienten, deren Bewegung alters- oder krankheitsbedingt eingeschränkt ist, durchgeführt werden können.

Nach der Ausbildung

Herzlichen Glückwunsch zur bestandenen Prüfung. Jetzt sind Sie und Ihr Vierbeiner ein geprüftes Therapiehunde-Team!
Während Ihrer Ausbildung haben Sie verschiedene Einrichtungen kennengelernt, die Sie nun mit Ihrem Hund zusammen besuchen können. Vielleicht haben Sie auch schon eine Einrichtung gefunden, in der Sie sich in Zukunft gern einbringen möchten. Hierbei besteht wiederum die Möglichkeit, dass Sie allein mit Ihrem Hund dorthin gehen, oder Sie schließen sich einer bereits bestehenden Therapiehunde-Team Gruppe an.

Überstürzen Sie bei der Entscheidung nichts und nehmen Sie sich die Zeit, jene Einrichtungen, die Sie gern mit Ihrem Hund besuchen möchten, anzuschauen und in Ruhe einen ersten Eindruck zu gewinnen. Hierzu gehört natürlich auch ein Vorgespräch in der Einrichtung, bei dem auch Sie Ihre Vorstellungen kundtun können. Im Folgenden finden Sie einige Tipps und Hinweise, die Sie im Vorfeld oder gegebenenfalls in einem Vorgespräch klären sollten, um herauszufinden, ob diese Einrichtung für Sie die geeignete ist.

- Wie viel Zeit planen Sie mit Ihrem Hund für Ihre Besuche ein? Das ist für den zeitlichen Ablauf in den meisten Einrichtungen wichtig.
- Welche Vorstellungen haben Sie von der Größe des Raumes, in dem Sie mit Hund(en) zu Ihren Besuchen kommen?
- Gibt es für einen Gruppenbesuch zum Beispiel in einem Kindergarten eine maximale Teilnehmeranzahl?
- Mit wie vielen Mitarbeitern können Sie bei Ihrem Besuch immer rechnen?
- Bekommen Sie eine Abstellmöglichkeit für Ihre Utensilien, die Sie bei vielen Besuchen benötigen?
- Sind Sie während Ihres Besuchs in der Einrichtung als „Besucher" versichert oder übernimmt das die Ausbildungsstätte? In der Regel ist es Ihre Haftpflichtversicherung, die dafür zuständig ist. Klären Sie das unbedingt vorher ab (siehe auch „Rechtliches").
- Bitten Sie darum, auch informiert zu werden, wenn in der Einrichtung ansteckende Erkrankungen für Sie und Ihren Hund bekannt sind (mehr dazu bei „Gesundheit und Pflege speziell beim Therapiehund").
- Besteht bereits Hundeerfahrung bei den Menschen, die Sie besuchen möchten?
- Besprechen Sie bitte auch, ob Allergien oder Blutungsneigungen (sollte es mal zu einer Verletzung durch den Therapiehund kommen) bei den Menschen in der Einrichtung bekannt sind.
- Wenn Sie in eine Einrichtung gehen, lassen Sie sich zu Ihrer eigenen Sicherheit eine schriftliche Einverständniserklärung geben. Darauf sollten Sie auch erwähnen, dass es immer sein kann, dass kleinere Verletzungen durch einen Hund möglich sind (mehr dazu bei „Arbeitsmappe").

■ Beobachten Sie Ihren Hund, wenn Sie ihn schon zum Vorgespräch mitnehmen konnten. Sie haben ihn während der Ausbildung gut einschätzen gelernt und können so erkennen, ob er Stresssignale zeigt!
■ Bevor Sie gleich fest einer Einrichtung zusagen, empfehle ich Ihnen, sich
mindestens zwei Tage Bedenkzeit und ein bis zwei Probebesuche einzu-
räumen.
Um weitere Informationen über verschiedene Einrichtungen einzuholen, gibt es
mehrere Möglichkeiten. Manche Einrichtungen präsentieren sich im Internet oder
bringen Informationsbroschüren heraus.
Sie können auch einen „Tag der offenen Tür" dafür nutzen, um sich einen ersten
Eindruck zu verschaffen.

Die Arbeitsmappe

Seriös und weitblickend von Ihnen ist es, wenn Sie sich eine Arbeitsmappe
anlegen und diese dann auch zu Einrichtungen mitnehmen, wenn Sie sich dort
vorstellen.
Legen Sie jeweils für sich und für die von Ihnen besuchte(n) Einrichtung(en)
eine Mappe an, in der alle wichtigen Unterlagen der Ausbildung, die Prüfungs-
zeugnisse und ein chronologischer Lebenslauf mit einem aktuellen Foto von
Ihnen und Ihrem Hund zusammengestellt werden. In der Mappe sollte schrift-
lich dokumentiert werden, welche Bereiche von Ihnen als Therapiehunde-Team
regelmäßig besucht werden. Wichtig sind auch medizinische Daten, wie die
Bescheinigungen des Tierarztes über die regelmäßigen Impfungen und Entwurmungen und den mindestens einmal im Jahr von den meisten Ausbildungsstätten vorgeschriebenen Gesundheitscheck (siehe „Gesundheit und Pflege speziell
beim Therapiehund").
Die Unterlagen Ihrer aktuellen Versicherungsbestätigung für Sie und Ihren Hund
gehören ebenso in die Arbeitsmappe!
Auch die Unterschrift(en) zur Einverständnis Ihres Besuchs mit Ihrem Therapiehund ist/sind wichtig! Bei Kindern, die noch nicht, oder bei Menschen, die nicht
mehr über sich selbst bestimmen können, müssen Sie sich diesbezüglich an den
oder die Erziehungsberechtigten oder einen Vormund wenden.
Hierfür empfehle ich Ihnen, sich ein eigenes Formular zu erstellen und unter-
zeichnen zu lassen. Darin sollten Sie außer nach den Daten des Besuchten
auch nach Erkrankungen und Allergien „fragen". Bitte weisen Sie ausdrücklich
auf das Risiko hin, dass auch durch einen Therapiehund kleinere Verletzungen
möglich sind.

Diese Mappe ist sinnvoll, da Einrichtungsstätten in der Regel einmal jährlich
unangemeldet vom Gesundheitsamt überprüft werden, wobei es unter anderem
um die Hygiene an sich sowie die Einhaltung und das Wissen darüber geht. Sind
alle Ihre Unterlagen vor Ort und liegt der letzte Gesundheitscheck nicht mehr als

ein Jahr zurück, gibt es sicher keine Probleme. Auch das Aufbewahren Ihrer Utensilien in der Einrichtung und das umsichtige Laminieren der Kartenspiele können Sie in der Arbeitsmappe erwähnen! Bitte besprechen Sie diesen Punkt aber auf alle Fälle mit der Einrichtung Ihrer Wahl.

TIPP!

Es macht aus hygienischer Sicht schon Sinn, Dinge nicht von einer Einrichtung zur nächsten oder mit nach Hause zu nehmen!
Wir haben in unserer Einrichtung deponiert: meine Hausschuhe, eine große Decke für drinnen und eine für den Außenbereich, eine große Kunst-stoffschale (Körbchen), einen tollen großen Napf, unser Memory-Spiel und viele Spiele, die nur für den Bereich angeschafft worden sind.
Bilder und Spielkarten sollte man am besten laminieren! So halten sie länger und sind einfach hygieni-scher.

In vielen Einrichtungen ist es eine sehr schöne Gepflogenheit, Ihren Therapiehunde-Besuch am „Schwarzen Brett" anzukündigen. Für die Bewohner, Patienten, Kinder sind es wichtige Orientierungshilfen für den Alltagsablauf! Bei uns kündigen die laminierten großen Fotos von Jil und Malou, die am Eingangs-bereich mit Klettverschluss befestigt sind, den Besuch am Donnerstagmorgen an.

Rechtliches

Wie in vielen anderen Bereichen müssen Sie sich auch über die Rechtslage, die Ihre Tätigkeit als Therapiehunde-Team betrifft, informieren. Hierfür können Sie zum Beispiel schon den Informationstag nutzen, indem Sie sich bei den erfahrenen Ausbildern über die rechtliche Lage, die Sie und Ihren Hund betreffen, erkundigen.
Was ist zum Beispiel, wenn während der Ausbildung oder später beim Besuch einer Einrichtung für behinderte Menschen durch Ihren Hund ein Bewohner verletzt wird? Sind Sie dann durch eine übliche Hundehaftpflichtversicherung abgesichert?
Besteht während der Ausbildung ein Versicherungsschutz über die Ausbildungs-stätte und was ist in diesem „Paket" alles enthalten? Oder ist es beim Besuch einer Einrichtung so, dass die Institution selbst nach Absprache mit der Ausbildungsstätte für Sie und Ihren Hund als „Besucher" in den eigenen Räumen haftet?
Nähere Details zu diesen und vielen anderen Fragen sind auch Bestandteil der theoretischen Ausbildung.

Bei der Tätigkeit als Therapiehunde-Team müssen auch die entsprechenden rechtlichen Bestimmungen beachtet werden.

Hundehaftpflichtversicherung

Fragen Sie zunächst bei Ihrer Hundehaftpflichtversicherung nach, ob diese Ihren Hund nach der Ausbildung, also als Therapiehund, weiterversichert oder ob Sie gegebenenfalls eine andere oder zusätzliche Versicherung abschließen müssen. Denn die Versicherer haben leider noch nicht erkannt, dass von Hunden, mit denen „gearbeitet" wird und die an der Unterordnung und dem Gehorsam „arbeiten" müssen, um diese Ausbildung zu meistern, sicher weniger Gefahren im Alltag ausgehen.

Wenn Sie einen Zweithund oder einen Mehrhundehaushalt haben, erkundigen Sie sich, ob Ihre anderen Hunde plus der Therapiehund versichert sind oder ob Sie Ihren Therapiehund einzeln versichern müssen.

Sicherlich werden Sie von der Versicherung auch nach den Einrichtungen, die Sie mit Ihrem Hund besuchen, gefragt. Heften Sie dann am besten eine Informationsbroschüre an Ihre Unterlagen oder mailen diese Ihrer Versicherung zu.

Steuerliches

Fragen Sie bei Ihrer Stadtverwaltung oder Gemeinde nach, ob durch Ihre regelmäßige (ehrenamtliche) Tätigkeit vielleicht die Hundesteuer erlassen wird!

Da die Hundesteuer der Kommune unterliegt, wenden Sie sich am besten an den Bürgermeister Ihrer Gemeinde oder Stadt. Hierzu kann die Bürgersprechstunde genutzt werden. Erkundigen Sie sich vorher, ob Ihr Hund mit ins Rathaus darf und nehmen ihn dann – falls möglich – mit, damit sich Ihr Ansprechpartner gleich ein Bild davon machen kann, was ein Therapiehund ist. Vielleicht kommt aus der Einrichtung, die Sie regelmäßig mit Ihrem Hund besuchen, auch eine Pflegefachkraft oder Heimleitung für dieses Gespräch mit.

Ob Sie die Ausgaben für die Ausbildung zum Therapiehunde-Team und eventuell auch später anfallende Fahrkosten oder andere Kosten, die in Verbindung mit der Tätigkeit stehen, von der Steuer absetzen können, muss im Einzelfall geprüft werden.

TIPP!

Erkundigen Sie sich nach einer Ehrenamtspauschale, wenn Sie eine ehrenamtliche Tätigkeit ausführen.   *Hierüber gibt es aktuelle Informationen im Internet oder bei Ihrem Steuerberater.*

Zu Anfang meiner ehrenamtlichen Tätigkeit einmal in der Woche habe ich mich schon darüber gewundert, dass es nicht in jeder Kommune eine Hundesteuerbefreiung für ein geprüftes Therapiehunde-Team gibt.
Aus heutiger Sicht und nach über vier Jahren regelmäßiger Tätigkeit und meinen Recherchen zu dieser Thematik ist es für einige Hunde sicher ein Segen, kein Therapiehund nur aufgrund der gesparten Hundesteuer werden zu müssen.
Es wäre nur wünschenswert, wenn es bei den Kommunen im Einzelfall und nach Jahren der regelmäßigen ehrenamtlichen Tätigkeit eine Änderung für Therapiehunde-Teams gäbe!

Anregungen für Therapiehundebesuche

Haben Sie schließlich die richtige Einrichtung für sich und Ihren Hund gefunden und alle erforderlichen rechtlichen und organisatorischen Fragen abgeklärt, steht den regelmäßigen Besuchen nichts mehr im Weg. Je nachdem, was für eine Einrichtung Sie ausgewählt haben, kann es sinnvoll sein, sich immer etwas Neues einfallen zu lassen, um die Besuche möglichst abwechslungsreich und unterhaltsam zu gestalten.
Im Folgenden finden Sie einige Beispiele und Anregungen, wie Sie eine Gruppe oder auch einzelne Menschen mit – und auch ohne – Therapiehund spielend unterhalten können.

Memory-Spiel
Wohl jeder kennt das Memory-Spiel und es freut sich bis heute in allen Altersklassen immer noch großer Beliebtheit. In Zusammenhang mit einem Therapiehundebesuch können Sie zu Hause ein ganz spezielles, passendes Memory-Spiel vorbereiten.

Auch wenn Sie mit Ihrem Therapiehund schon Feierabend haben, können sich die besuchten Menschen noch allein mit dem Thema Hund beschäftigen.

Sammeln Sie die Fotos von alten Tierkalendern und suchen Sie dabei immer Pärchen von Bildern aus, die zueinander passen, wie zum Beispiel Bilder von Welpen und erwachsenen Hunden derselben Rasse. Mit durchsichtiger Klebefolie versehen oder laminiert kann man daraus ein Memory-Spiel basteln. Die Personen müssen dann heraussuchen, welches das Kind von welchem Hund ist.

Hier sind Ihrer Kreativität keine Grenzen gesetzt.

Im Internet gibt es heute auch Anbieter, die aus Ihren eigenen Fotos ein Memory anfertigen. Das kommt bei Alt und Jung sehr gut an! Laminieren müssen Sie es (leider) selbst, das wird (noch) nicht angeboten!

Sie können auch gezielt zu verschiedenen Themen Memory-Spiele anfer-

Zur Förderung der Merkfähigkeit und zur Steigerung des Selbstvertrauens ist das Memory-Spiel besonders gut geeignet.

Ähnlich wie beim Memory können Sie einzelne Fotos in verschiedenen Größen und Themen zu therapeutischen oder pädagogischen Zwecken nutzen.

tigen lassen, die Sie dann kombinieren und in verschiedenen Spielen variieren können. Ein Spiel mit sehr vielen Einsatzmöglichkeiten!

Beispiele für Hundethemen
- Verschiedene Hunderassen
- Alle Spielsachen für den Hund
- Pflegeartikel für den Hund wie Hundekamm, Bürste usw.
- Körperteile des Hundes wie Hundeohr, Hundenase usw.

So kann man ein Spiel sehr vielseitig gestalten.

Futterbeutel werfen

Ein Futterbeutel wird von einer Person zur anderen geworfen. Die Person, die den Futterbeutel gefangen hat, darf dem Hund dann ein Leckerli aus der Tasche geben. Wenn mehrere Mensch-Hund-Teams daran teilnehmen, sollten Sie vorher abklären, ob alle Hunde das fressen dürfen, was sich im Beutel befindet.

Zirkus spielen

Sie können auch eine Art Zirkusvorführung spielen. Jeder Hund Ihrer Gruppe zeigt einen Trick, den er am besten kann: apportieren, auf Kommando bellen, durch einen mitgebrachten Reifen springen, sich umdrehen, eine Rolle machen, winken und so weiter.

Der Teleskop-Target eignet sich auch sehr gut, um den ersten Kontakt zum Hund mit Abstand aufzubauen!

TARGET

Zuvor wurde schon einmal das Üben mit einem Target angesprochen. Mithilfe eines Targets können Sie Ihrem Hund manchmal sehr schnell einen Trick beibringen. Target bedeutet nichts anderes als Ziel. Bei der Arbeit mit einem Target ist das Ziel, dass der Hund das Ende des Targets – das kann ein Stab, eine Fliegenklatsche oder ein ganz anderer Gegenstand sein – mit der Nase oder der Pfote berührt. Dafür wird er sofort bestätigt. Auf diese Weise kann man dem Hund beibringen, bestimmte Gegenstände zu berühren oder sich in bestimmte Positionen zu begeben. Ideal ist es, wenn das Target teleskopartig und nicht zu dünn ist und vielleicht sogar eine bestimmte Farbe hat, wie auf dem Foto zu sehen ist. Denn Hunde können am besten die Farben Blau und Weiß unterscheiden.
Ein wenig leckerer Streichkäse oder Hundeleberwurst auf den blauen Knopf aufbringen – und der Hund wird mit der Nase dem Target folgen. So können Sie Tricks wie zum Beispiel „Nasenstups" oder auch das „richtige" Fußlaufen schnell und für den Hund gut verständlich aufbauen. Beim Fußlaufen bestimmt das Target-Ende die gewünschte Position des Hundes.
Auch das Betätigen einer Druckampel mit den Pfoten lässt sich mit dem Target gut anlernen. Hierfür bietet sich eine Fliegenklatsche als Target an, weil hier die Fläche größer ist und sie sich somit gut für Tricks eignet, die mit einer oder beiden Vorderpfoten ausgeführt werden wie eben das Betätigen der Druckampel. Sie sollten aber bedenken, dass Sie solche Tricks erst in Ruhe zu Hause vorher üben müssen. Übrigens ist das Arbeiten mit einem Target auch besonders sinnvoll, wenn der Mensch Rücken- oder Gelenkprobleme hat und sich nicht so gut bücken kann.

Das Hausschuhspiel

Auch ein sehr schönes Spiel ist das Hausschuhspiel. Nur jeweils ein Hausschuh wird von jedem Menschen in der Gruppe in die Mitte der im Kreis Sitzenden gestellt. Sie legen in die Schuhe jeweils ein trockenes Leckerli. Der Hund darf dann jeden Schuh „ausräumen" und den Schuh vorsichtig dem Besitzer zurück in die Hand bringen.

Fragen Sie aber bitte zuvor nach, ob alle damit einverstanden sind. Denn es gibt auch Hunde, die ganz ordentlich sabbern.

Verwendung von Hundespielgeräten

Eines der „Renner"-Spiele im Integrationskindergarten ist ein Holzspiel für Hunde. Die Kinder legen je ein kleines, festes Leckerli in das dafür vorgesehene Loch. Der Hund darf anschließend auf ein Kommando die Leckerlis mit der Schnauze aus dem „Automat" schießen und fressen.

Das macht den Kindern nicht nur Spaß, sondern das Verteilen der Leckerlis kann auch die Feinmotorik fördern!

Wichtig ist, dass Sie Ihrem Hund das Spiel in Ruhe zu Hause beibringen. Erst wenn er es sehr gut beherrscht und Freude daran hat, können Sie das Spiel mit in Ihre Einrichtung nehmen.

Mithilfe eines Targets kann man zum Beispiel auch das Betätigen einer Druckampel einüben.

Erfahrungsberichte

Im Integrationskindergarten

Seit 2010 bin ich regelmäßig – und in der Zwischenzeit mit zwei Therapiehunden – in einem Integrationskindergarten tätig. Es erfüllt mich mit großer Freude, dass Jil, Malou und ich

Der Markt bietet sehr hochwertige und abwechslungsreiche Hundespielgeräte in Holz und Kunststoff an.

eine so liebevolle und hervorragend organisierte Einrichtung für unser Tun gefunden haben. Das pädagogische und therapeutische Miteinander ist hier sicher nur so gut, weil wir uns regelmäßig über die kleinen Erfolge austauschen.
Wir sind beim Frühlings- und Sommerfest dabei. Wenn der Nikolaus den Sack mit den gefüllten Strümpfen im Wald versteckt hat, helfen die Hunde den Kindern sehr gern beim Suchen! Und beim Verteilen der Strümpfe gibt es immer auch für Jil und Malou eine kleine Überraschung. Das freut alle Kinder, denn die beiden Hunde gehören einfach schon zum „Kindi" dazu.
Auch für neue Anregungen wie zum Beispiel die Besuche mit der Handpuppe „Tim" ist es mir besonders wichtig gewesen, dass hierfür zuvor bei den Erzieherinnen eine Zustimmung für die Besuche von „Tim" mit den Hunden eingeholt wurde.

Gemeinsam haben wir bei Kindern mit und ohne Behinderungen schöne Erfolge durch unsere Therapiehundebesuche erreichen können.

- Introvertierte Kinder kommen aus sich heraus und kommunizieren auch mehr mit Ihren Freunden im Kindergarten.
- Kinder mit autistischen Zügen interessieren sich besonders dann für unsere Arbeit, wenn Spiele oder Karten dabei sind.
- Ängstliche Kinder kommen von allein – manchmal auch erst nach Monaten – auf die Hunde zu und streicheln sie.
- Kinder werden ruhiger, wenn der/die Hunde im Raum sind. Das ist ein großes Ziel in einer Gruppe dieses Alters und wird immer wieder bedacht.
- Die Gemeinschaft wird gestärkt. Nach unseren Besuchen wird oft zusammen noch „Therapiehund" gespielt und „nachgearbeitet."
- Eigene Tiere werden vorsichtiger und artgerechter behandelt.

Wir haben ein Anfangs- und ein Ende-Lied! Ein paar immer gleiche Rituale können sehr kleinen Kindern und Menschen zum Beispiel mit Demenzerkrankung eine gewisse Sicherheit bieten. Es signalisiert den Menschen und auch dem Therapiehund „Jetzt geht es los" und später „Nun ist Schluss mit der Arbeit hier".

Eine besondere Erfahrung

2013 lernte ich Martina mit Ihrem Hund Balin im Schönbuch bei einem unserer Waldspaziergänge kennen. Wir freundeten uns an und sind immer wieder viele Kilometer zusammen gelaufen. Dass Jil und Malou Therapiehunde sind und was genau ich im Integrationskindergarten in Pfrondorf mache, hat sie immer sehr interessiert und beeindruckt. Dass ihr eigener ausgebildeter Jagdhund Balin Ende 2014 sie mit ihrem Partner und mir zusammen auf einer Palliativstation besuchen werden würde, ahnte zu diesem Zeitpunkt noch niemand.
Sie erkrankte schwer und die Krankheit verlief rasant schnell. Im Herbst 2014 kam Sie nach kurzem Klinikaufenthalt erst in eine Palliativstation, dann nach ein paar Wochen in ein Hospiz. Beiden Einrichtungen möchte ich an dieser Stelle meine Achtung aussprechen!

Da Martina Ihren Balin ebenso liebte wie ich meine Mädels, habe ich mit Ihrem Partner, einer Ärztin und der Leitung der Palliativklinik über Besuche im Zimmer mit Balin gesprochen.

Es war ein Segen und ich bin zutiefst dankbar, denn ich hätte es selbst nicht anders für mich gewollt: Es wurde zugestimmt, dass Balin zu Martina ins Zimmer und Bett durfte!!! Sehr gut vorbereitet haben wir dann Ihren Bub zu Ihr gebracht. Das Foto spricht für sich! Und ich erinnere mich gern daran, denn Martina hat diesen Besuch noch voll und ganz mitbekommen und sich so gefreut.

Keine vier Wochen, nachdem das Bild entstanden ist, ist meine Freundin gestorben.

Mit ihrem Balin zusammen habe ich mich noch im Hospiz von ihr verabschiedet. Ihrem Partner habe ich angeboten, ihren Hund dabei auch mitzunehmen. Denn manchmal hilft es Tieren. Sie vermissen ihre Menschen oder Tierkumpels trotzdem, aber meistens suchen sie sie dann nicht, wenn sie sich noch selbst verabschieden konnten.

Ich bin mir sicher, dass es für Balin, sein Frauchen und Herrchen und für die Pflegekräfte ein wichtiges Erlebnis gewesen ist. Allerdings wäre es für mich nicht infrage gekommen, einen Hund, der zuvor dies alles nicht kennengelernt hat, auf eine Palliativstation mitzunehmen. Es kommen ja auch noch andere Dinge wie Aufzugfahren, Gerüche anderer Patienten, Desinfektionsmittel, Besucher im Flur usw. dazu.

Nur weil ich Balin so gut kannte, ihn sehr mag und ihn einschätzen konnte, habe ich es für meine Freundin gemacht.

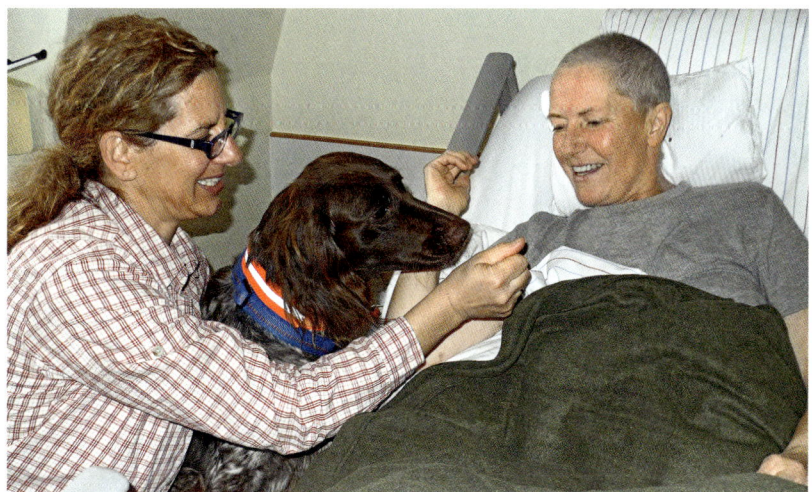

Der Besuch des eigenen Hundes der Patientin auf einer Palliativstation – etwas ganz Besonderes!

Gesundheit und Pflege speziell beim Therapiehund

Für die Therapiehundearbeit ist es eine Voraussetzung, dass der Hund gesund und gepflegt ist! Ihr Vierbeiner soll einen guten Ernährungszustand zeigen und im Gesamteindruck ein gepflegtes und glänzendes Fell haben.

Ein Therapiehund sollte zum jährlichen Gesundheitscheck beim Tierarzt umfassend untersucht werden. Hier müssen Sie sich bei der Ausbildungsstätte erkundigen, was der Hund diesbezüglich für Bedingungen erfüllen muss. Manche Ausbildungsstätte haben schon vorbereitete Informationsblätter, die Sie nach der bestandenen Prüfung erhalten, in denen vermerkt ist, welche Voraussetzungen es für den Hund gibt bezüglich Gesundheitsvorsorge, Impfung, Entwurmung und Körperpflege.

Die Unterlagen werden dann jährlich an die Ausbildungsstätte geschickt, wenn Sie weiter als Team über die Institution arbeiten. Das wird aber in jeder Ausbildungsstätte unterschiedlich gehandhabt. Fragen Sie am besten schon beim Informationsgespräch danach.

Für Ausbilder wäre es eine Anregung, dies für die arbeitenden Teams einzuführen.

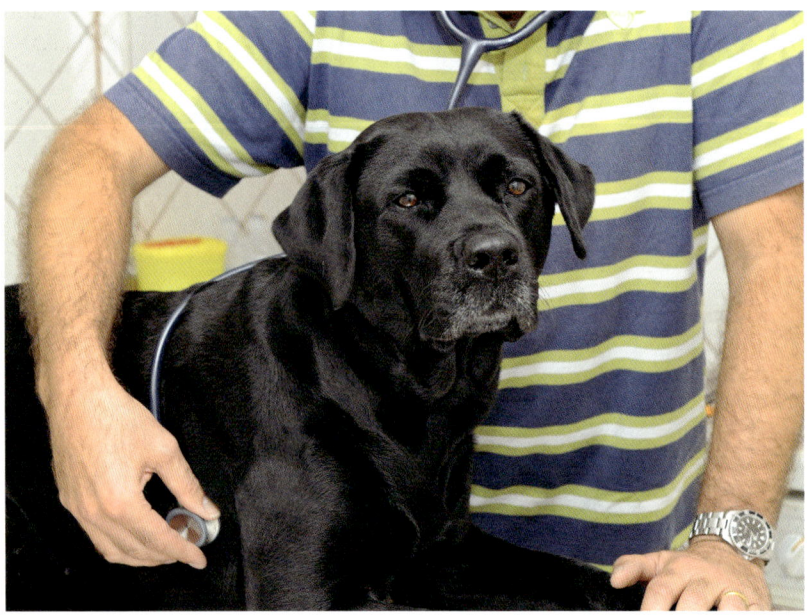

Der regelmäßige Gesundheitscheck beim Tierarzt sollte für einen Therapiehund selbstverständlich sein.

Impfen

Der Hund sollte geimpft sein gegen Tollwut, Staupe, Hepatitis, Leptospirose, Zwingerhusten und Parvovirose. Den für Ihren Hund richtigen Impfzyklus, zum Beispiel was die Tollwutimpfung betrifft, erfragen Sie bitte bei Ihrem Tierarzt. Denn seit einigen Jahren gibt es verschiedene Impfstoffe, deren Impfschutz mehrere Jahre lang anhält. So muss der Hund nicht, wie früher üblich, jährlich gegen Tollwut geimpft werden. Falls Sie mit Ihrem Hund verreisen möchten, erkundigen Sie sich rechtzeitig nach den Einreisebestimmungen der verschiedenen Länder, die Sie durchfahren oder bereisen möchten, um nicht bei einer möglichen Kontrolle an der Grenze Probleme zu bekommen. Für die Einreise in EU-Länder muss der Hund einen EU-Heimtierausweis besitzen, in dem alle Impfungen und auch – wenn erforderlich – alle Entwurmungen eingetragen sind. Seit dem 1.7.2011 müssen auch alle Hunde gechippt sein, wenn man mit ihnen ein EU-Land besuchen möchte. Die Transponderkennzeichnung wird in Form eines Aufklebers ebenso im Ausweis vermerkt. Seit 2015 muss auch die Adresse des behandelnden Tierarztes eingetragen sein. Ebenso müssen die Seiten mit der Beschreibung des Tiers und der Transponderkennzeichnung mit Folie laminiert und somit versiegelt werden, um spätere Änderungen auszuschließen. Dasselbe gilt auch für die Tollwutimpfung sowohl in alten als auch neuen Heimtierausweisen.

Die Einreisebestimmungen bezüglich der Impfungen sind in den meisten EU-Ländern ähnlich. Auch für Länder wie Schweden, Norwegen, Irland, Malta und Großbritannien, für die man früher noch den Tollwut-Titer bestimmen musste, sind die Einreisebestimmungen viel einfacher geworden. Für Großbritannien und Irland wird zum Beispiel seit 2013 neben dem Chip und der gültigen Tollwutimpfung nur noch eine zeitnahe vom Tierarzt bescheinigte Entwurmung gefordert, da es in diesen Inselländern keinen Fuchsbandwurm gibt.

Bei der Einreise in die Schweiz und andere Nicht-EU-Länder können wiederum andere Bestimmungen gelten. Daher sollte man sich immer rechtzeitig nach den aktuellen Bestimmungen für das jeweilige Land erkundigen.

Sollen Sie eine Reise in den Süden planen, erkundigen Sie sich bei Ihrem Tierarzt nach geeigneten Präparaten, die vor einem Befall mit Zecken, Flöhen, Milben und Sandmücken schützen. Denn diese Plagegeister können gerade in den südlichen Ländern schwere Erkrankungen übertragen. Auch nach dem Urlaub sollte der Hund gegen mögliche übertragbare Erkrankungen geschützt werden, da diese Parasiten leider auch keine Grenzen kennen und manchmal noch Jahre später große Probleme mit sich bringen können.

Krallenpflege

Die Krallen müssen, sollten Sie nicht kurz genug sein, gefeilt oder geschnitten werden, um mögliche Verletzungen zu vermeiden. Im Handel gibt es für Menschen Sandfellen für Kunstnägel, die sich hervorragend für das Feilen von Hundekrallen eignen. **105**

Das Anziehen von Babysocken schützt vor möglichen Verletzungen durch die Hundekrallen.

Haben Sie einen Hund, der die Krallenzange nicht akzeptiert, spendieren Sie Ihrem Therapiehund eine Pedi- und Maniküre. Auch bei leicht eingerissenen Krallen kann das Feilen vor weiteren Schäden schützen.

Sollte diese Prozedur für Sie zu schwierig sein, fragen Sie Ihren Tierarzt oder erkundigen Sie sich nach einem guten Hundefriseur, der die Krallen dann fachmännisch kürzt.

Für Hunde, die im Bett des Besuchten sein sollen, bietet es sich an, mit Babysöckchen oder speziellen Schuhen für Hunde zu arbeiten. Neu sind auch „Schutzüberzüge", die einem Luftballon ähneln. Sie sind sehr robust und schützen die Hundepfote vor allen Dingen ganz hervorragend bei Nässe. Beim Therapiehund ist aber der Schuh oder das Söckchen zum Schutz des Menschen gedacht, vor allem bei

- alten Menschen mit oft sehr dünner und dadurch verletzlicher Haut und
- Menschen, die Blutverdünnungsmittel wie zum Beispiel Heparin oder Marcumar regelmäßig einnehmen und hier eine Blutungsgefahr schon bei einem kleinen Kratzer durch die Krallen des Hundes besteht.

Auch bei kleinen Kindern mit oder ohne Behinderung ist ein Krallenschutz manchmal sinnvoll und sollte dem Hund vor dem Besuch angezogen werden.
Üben Sie das Anziehen von Hundeschuhen oder Söckchen in Ruhe zu Hause!

Ohrenpflege

Das Untersuchen der Ohren gehört zum Gesundheitscheck.

Schauen Sie Ihrem Hund ruhig öfter in die Ohren und riechen Sie auch mal daran, denn häufig erkennen Sie eine Veränderung der Ohren zum Beispiel durch Hefepilze oder einen parasitären Befall am Geruch.

Wenn Sie also wissen, wie Ihr Schlappohr „normalerweise" riecht, können Sie durch gezielte und vor allem sehr schnelle Reaktion chronische Erkrankungen hoffentlich vermeiden. Auch das zu häufige Schütteln des Kopfes kann ein Anzeichen für eine Veränderung im Ohr sein.

Bitte suchen Sie dann möglichst zeitnah Ihren Tierarzt oder Tierheilpraktiker auf, um Ohrenentzündungen rechtzeitig vorzubeugen. Manche – vor allem chronische Ohrenentzündungen – können auch eine Allergie zur Ursache haben.

Gerade im Sommer, wenn Sie morgens oder abends zusammen mit Ihrem Vierbeiner durch die Wiesen und Felder streifen, kann es vorkommen, das sich Grannen (Grassamen) im Gehörgang festsetzen und nicht mehr auf natürliche Weise durch das schützende Ohrenschmalz den Weg nach draußen finden. In dem Fall ist dann auch der Gang zum Tierarzt notwendig.

KEINE WATTESTÄBCHEN VERWENDEN!

Mit einem angefeuchteten oder mit etwas Baby-Öl beträufelten weichen Stück Tuch oder Papiertaschentuch, das um einen Finger gewickelt wird, können Schmutz, Auflagerungen und lose Haare entfernt werden.

Reinigen Sie den Gehörgang auf keinen Fall mit Wattestäbchen, da so eine Verletzungsgefahr des Trommelfells besteht und dadurch auch Ohrenschmalzpfropfen entstehen können.

Augenpflege

Das gesunde Auge ist sowohl beim Menschen als auch beim Hund mit einem „Selbstreinigungssystem" ausgestattet. Da Sie Ihren Hund ja ohnehin jeden Tag sehr häufig anschauen, sehen Sie ab und zu auch mal genauer hin, um bei einem so wichtigen Organ wie dem Auge zu erkennen, ob irgendetwas nicht stimmt, und frühzeitig helfende und schützende Maßnahmen ergreifen zu können.
Kommt ein Fremdkörper ins Auge, reagiert der Körper darauf und versucht diesen auszuschwemmen, indem mehr Flüssigkeit produziert wird. Sie sehen dann bei einem oder bei beiden Augen deutlich, dass hier eine körpereigene Reaktion stattfindet. Auch kann es sein, dass gleichzeitig die Nase eine klare Flüssigkeit produziert, da eine anatomische Verbindung zwischen Augen und Nase besteht. Gerade in den Sommermonaten sehe ich in meiner Tierheilpraxis Hunde, die bei voller Fahrt mit dem Auto entweder bei offenen Fenstern oder sogar im Cabrio den Fahrtwind in die Augen geblasen bekommen, wodurch natürlich eine Reizung der Augen vorprogrammiert ist.
Bindehautentzündungen oder Gräserpollenallergien können genauso zu Veränderungen am Auge führen wie eine Zahnentzündung, die als Ursache zum Beispiel durch ein kleines Stück Holz beim heißgeliebten Stöckchen-Spielen den Gesichtsnerv verletzt hat. Bitte verzichten Sie daher lieber auf das Spiel mit dem Stöckchen und verwenden dafür hundegeeignete Spielzeuge, an denen sich der Hund nicht verletzen kann.

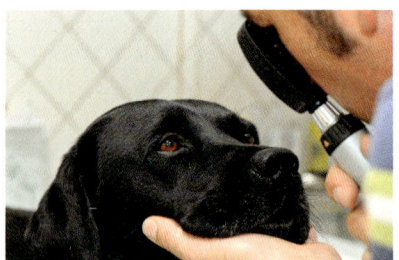

Auch die Augen sollten regelmäßig untersucht werden.

Verliert Ihr Hund „kranzförmig" um das gesamte Auge sein Fell, dann könnte eine Pilzerkrankung (Mykose) die Ursache sein.

Wir Menschen können darauf reagieren, wenn unseren Augen oder Ohren etwas zu viel wird. Unsere Vierbeiner sind auf unseren Verstand und unseren Weitblick angewiesen! **Bei Notfällen sollten Sie immer einen Tierarzt aufsuchen!**

VORSICHT!

Verwenden Sie bitte keine Kamillenlösungen zum Reinigen oder Ausspülen der Augen, da Kamille eher austrocknend wirkt. Es wäre hier also kontraproduktiv! In der Apotheke gibt es Euphrasia-Augentropfen.

Sie sind in Einzelpipetten erhältlich und finden so steril in der kleinsten Hundetasche einen Platz. Bei mir sind die Pipetten immer dabei und aus meinem Equipment nicht mehr wegzudenken!

Vor Parasiten schützen

Kein Hund ist davor gefeit, von Parasiten befallen zu werden. Es gibt aber einige Vorbeugemaßnahmen, durch die man das Risiko eindämmen kann.

Beim Hund unterscheidet man äußere Parasiten wie Flöhe, Zecken, Milben, Läuse und Haarlinge von inneren Parasiten wie Würmer, Einzeller und Blutparasiten. Alle Parasiten können mehr oder weniger starke Erkrankungen hervorrufen. Daher ist ein prophylaktischer Schutz oder eine Bekämpfung – besonders bei einem Therapiehund, der auch viel mit Fremden Kontakt hat und die Parasiten übertragen könnte – äußerst sinnvoll beziehungsweise unumgänglich.

Es gibt keine Vorschrift, dass ein Therapiehund mit Spot-on-Präparaten oder vergleichbaren Mitteln vor äußeren Parasiten geschützt werden muss. Obwohl die Anwendung sehr wirkungsvoll ist, besprechen Sie die Wahl des richtigen Mittels mit Ihrem Tierarzt, da Allergien oder Unverträglichkeiten auch bei Hunden auftreten können.

Auf alle Fälle sollten Sie vor jedem geplanten Besuch noch zu Hause Ihren Hund auf die kleinen Plagegeister hin untersuchen und – falls ein Befall vorliegt – gegebenenfalls entfernen oder wie zum Beispiel bei einem Flohbefall den Besuch absagen. Wie man die verschiedenen Parasiten am besten bekämpft, sollte jedem Hundehalter bekannt sein und ist in entsprechenden Büchern nachzulesen.

Bei inneren Parasiten ist eine Prophylaxe fast unmöglich. In der Regel müssen die Organismen mit entsprechenden Präparaten abgetötet werden. Beim Therapiehund ist vor allem auf einen möglichen Wurmbefall zu achten.

Entwurmen

Zwar besteht in den meisten Ausbildungsstätten keine bindende Pflicht, den Hund zu entwurmen. Dennoch ist es besonders beim Therapiehund empfehlenswert, ihn regelmäßig zu entwurmen oder Kotproben untersuchen zu lassen, um festzustellen, ob eine Wurmkur erforderlich ist. Ihr Tierarzt berät Sie gern.

Beim Hund kommen eine Reihe unterschiedlicher Wurmarten vor (Bandwürmer, Spulwürmer, Hakenwürmer, Peitschenwürmer, Lungenwürmer). Hat der Hund häufig Kontakt mit Kindern oder abwehrgeschwächten Personen, wie es eben bei der Tätigkeit eines Therapiehundes der Fall ist, sollte er auf alle Fälle regelmäßig gegen Spulwürmer behandelt werden, da die verschiedenen Spulwurmstadien eine erhöhte Infektionsgefahr für Personen mit einem geschwächten Immunsystem darstellen.

ACHTUNG – EINE ENTWURMUNG IST KEINE PROPHYLAXE!

Frisst Ihr Hund wenige Tage nach einer Entwurmung zum Beispiel eine Maus, die Bandwürmer in sich trägt, ist mit einem erneuten Wurmbefall zu rechnen, der erst mit der nächsten Entwurmung bekämpft werden kann.

Somit ist es auch selbstverständlich, dass man in einem Mehrtierehaushalt alle Tiere gleichzeitig entwurmt.

Es ist zu empfehlen, dass Sie genau Buch darüber führen, wann Ihr Hund mit welchem Präparat behandelt worden ist. Sollten Sie bei Ihrer Tätigkeit als Therapiehunde-Team doch einmal aufgrund der Hygiene-Vorschriften darauf angesprochen werden, können Sie das dann gleich entsprechend vorlegen. Am besten ist es natürlich, alle Entwurmungen ebenso wie die Impfungen im EU-Heimtierausweis eintragen zu lassen. Dann haben Sie alles gemeinsam in einem Dokument, was offiziell vom Tierarzt gegengezeichnet ist.

Es gibt auch schon Gesundheitstagebücher, die ich sehr praktisch finde. Darin kann man die Daten von bis zu drei Hunden gleichzeitig eintragen.

Bei einem Therapiehund, der Einrichtungen besucht, muss auf die Hygiene-Vorschriften geachtet werden.

Zoonosen

Da der Therapiehund im Rahmen seiner Tätigkeit häufig mit verschiedenen Personen Kontakt hat, die gewisse Erkrankungen oder ein geschwächtes Immunsystem haben können, und auch selbst nicht vor verschiedenen Krankheiten gefeit ist, die er entweder übertragen oder mit denen er sich anstecken kann, sollte man als Hundeführer genau über mögliche Übertragungsrisiken informiert sein. Daher gehört das Wissen über Zoonosen zum theoretischen Teil der Ausbildung.

- Als **Zoonosen** werden Erkrankungen bezeichnet, die von Tier zu Mensch oder von Mensch zu Tier übertragen werden.
- Als **Zooanthroponosen** werden Erkrankungen bezeichnet, die vom Tier auf den Menschen übertragen werden.
- Als **Anthropozoonosen** werden Erkrankungen bezeichnet, die vom Menschen auf das Tier übertragen werden.

Mit Erkrankungen sind in diesem Fall nicht nur durch Viren, Bakterien oder Pilze übertragene Infektionskrankheiten gemeint, sondern im weitesten Sinne auch Parasitenbefall, der zu bestimmten Krankheitsbildern führen kann.

Zoonosen können auf ganz unterschiedliche Weise übertragen werden:
- durch Speichel
- durch Kot und Urin
- durch direkten Kontakt (Berührung)
- durch indirekten Kontakt (zum Beispiel Hundedecke)
- durch Tröpfcheninfektion
- durch Zwischenwirte

Es gibt verschiedene Erkrankungen, die von Mensch zu Hund und umgekehrt übertragen werden können.

Zooanthroponosen

Im Folgenden werden die wichtigsten Zooanthroponosen aufgeführt, vor denen Sie Ihren Hund schützen sollten, damit er keine Erkrankung auf eine der besuchten Personen übertragen kann.

- Am bekanntesten ist die Tollwut, die durch ein Virus übertragen wird und beim Hund immer zum Tod führt. Zum Glück ist die Erkrankung weitgehend unter Kontrolle und natürlich lässt jeder verantwortungsvolle Hundehalter seinen Hund dagegen impfen. Sie soll hier nur der Vollständigkeit halber erwähnt werden.
- Leptospirose, auch als Weil'sche Krankheit oder Stuttgarter Hundeseuche bezeichnet, kann durch den Urin infizierter Hunde übertragen werden. Eine Impfung bietet einen sicheren Schutz und gehört zu der klassischen Fünffach-Impfung, die für Hunde empfohlen wird. Sie sollte bei einem Therapiehund auf alle Fälle erfolgen.
- Hautpilzerkrankungen können durch direkten, aber auch indirekten Kontakt übertragen werden. Sollte Ihr Hund eine Pilzinfektion haben, ist bis zu einer vollständigen Heilung der Besuch verschiedener Einrichtungen auszusetzen.
- Auch wenn Flöhe häufig als Hundeflöhe, Menschenflöhe oder Katzenflöhe bezeichnet werden, bedeutet das nicht, dass sie den Wirt nicht wechseln. Ein „Hundefloh" springt auch sehr gern auf einen Menschen über. Somit ist es selbstverständlich – auch im eigenen Interesse –, dass ein mit Flöhen befallener Hund auf keinen Fall als Therapiehund tätig sein darf, bis er absolut frei von diesen Plagegeistern ist.
- Sowohl Band- als auch Spulwürmer können von einem befallenen Hund auf Menschen übertragen werden, zum Bespiel durch engen Körperkontakt oder wenn der Hund den Menschen ableckt. Daher ist eine regelmäßige Entwurmung bei einem Therapiehund äußerst sinnvoll.

Gelegentlich wird erwähnt, dass Erkrankungen wie Toxoplasmose, Staupe oder Hepatitis vom Hund auf den Menschen übertragen werden können oder beim Menschen andere Erkrankungen auslösen. Dies ist aber ausgeschlossen.

HERPES – KEINE ZOONOSE!

Herpes wird durch das Herpesvirus übertragen und gehört nicht, wie manchmal fälschlicherweise angenommen, zu den Zoonosen. Es kann also weder vom Tier auf den Menschen noch vom Menschen auf das Tier – ob Hund, Katze oder Pferd – übertragen werden.

Das Herpesvirus ist nur innerhalb einer Spezies übertragbar, also nur von Hund zu Hund (zum Beispiel von der Mutterhündin auf ihre Welpen) und von Mensch zu Mensch. Das Virus schlummert im Körper und kann bei Immunschwäche ausbrechen.

Anthropozoonosen

Von Menschen auf Hunde übertragbare Krankheiten spielen hier zwar nicht eine so große Rolle, dennoch kann sich auch Ihr Hund bei einem Besuch infizieren. Anfällig sind Hunde für Pilzerkrankungen, die bei Menschen häufig unter den Finger- und Fußnägeln auftreten. Erkundigen Sie sich beim Fachpersonal der von Ihnen besuchten Einrichtung, ob die Personen, die von Ihnen besucht werden sollen, solch eine Pilzerkrankung haben. Sollte ein Hautpilz vorliegen, sagen Sie den Besuch lieber ab.

Auch eine Erkältung oder eine Grippe kann von Menschen auf Hunde übertragen werden, vor allem, wenn der Vierbeiner älter ist oder gerade auch ein etwas geschwächtes Immunsystem hat. Sollte also gerade eine Grippewelle umgehen oder viele der Personen in der Einrichtung eine Erkältung haben, verschieben Sie den Besuch lieber auf einen späteren Zeitpunkt. Sollten Sie dennoch einer Person begegnen, die stark erkältet ist, versuchen Sie, einen zu engen Kontakt zu Ihrem Hund zu vermeiden.

Verletzungen durch Hunde

Auch wenn Ihr Hund gehorsam ist, Eignungstest und Prüfung mit Bravour bestanden hat und ein völlig friedlicher Hausgenosse ist, kann es immer mal vorkommen, dass eine Person durch ihn verletzt wird. Das muss nicht unbedingt durch einen Biss erfolgen. Schon eine ungeschickte Berührung mit der Pfote, an der

Durch so engen Kontakt können sogar Erkrankungen wie Influenza, also echte Grippe, auf einen Hund übertragen werden.

eine Kralle etwas zu scharf ist, kann einen Kratzer hinterlassen, wodurch unter Umständen Krankheiten übertragen oder Infektionen verursacht werden.
Um sicherzugehen, dass diese Gefahr nicht besteht, schützen Sie die Pfoten Ihres Hundes durch Kindersöckchen oder Hundeboots, wie schon zuvor beschrieben. So können Sie dem vorbeugen.

Gesundheit – was besonders zu beachten ist

Gesundheitsvorsoge beim Hund bedeutet, vorausschauende Entscheidungen zu treffen. Hier ist im Besonderen auch gemeint, dass Sie nicht mit einem kränklichen oder kranken Hund als Therapiehunde-Team arbeiten!
Im Folgenden wird noch einmal kurz zusammengefasst, worauf bei der Gesundheitsvorsorge des Hundes besonders zu achten ist.

- Ihr Hund sollte in einem optimalen Ernährungszustand sein.
- Eine regelmäßige Pflege von Fell, Ohren, Zähnen, Krallen und Augen ist erforderlich.
- Sein allgemeines Wohlbefinden sollte immer im Vordergrund stehen und setzt Ihr Wissen und entsprechendes Handeln voraus.
- Mindestens einmal jährlich sollte Ihr Hund beim Tierarzt vorgeführt werden, um einen Gesundheitscheck durchführen lassen. Viele Ausbildungsstätten geben speziell dafür eine Gesundheits-Checkliste heraus.
- Die jährlichen Impfungen durch den Tierarzt müssen im EU-Heimtierausweis eingetragen werden.
- Regelmäßige Entwurmungen beziehungsweise entsprechende Untersuchungen von Kotproben sollten mindestens viermal jährlich erfolgen.
- Die Läufigkeit einer Hündin kann Stress und Verhaltensauffälligkeiten verursachen – muss es aber nicht! Entscheiden Sie selbst aufgrund Ihres Wissens und Ihrer Erfahrung, ob Sie Ihrer läufigen Hündin in dieser Zeit eher mit schönen Spaziergängen statt mit Besuchen eine Freude machen.

Bei der IGTH sind der jährliche Gesundheitscheck beim Tierarzt sowie die oben beschriebenen Entwurmungsintervalle Pflicht, um als Therapiehunde-Team arbeiten zu können.
Der Tierarzt stellt dann für den Hund ein Gesundheitszeugnis aus, das vorgelegt werden kann. Auf diesem Gesundheitszeugnis werden vermerkt:

- Name und Adresse des Hundehalters
- Name, Rasse oder Mischlingsart, Wurfdatum, Geschlecht des Hundes sowie Hinweise darauf, ob er kastriert oder intakt ist, und gegebenenfalls eine Registrierungsnummer der Ausbildungsstätte
- Name und Adresse des Tierarztes
- Ort, Datum und Unterschrift des Tierarztes und des Hundehalters

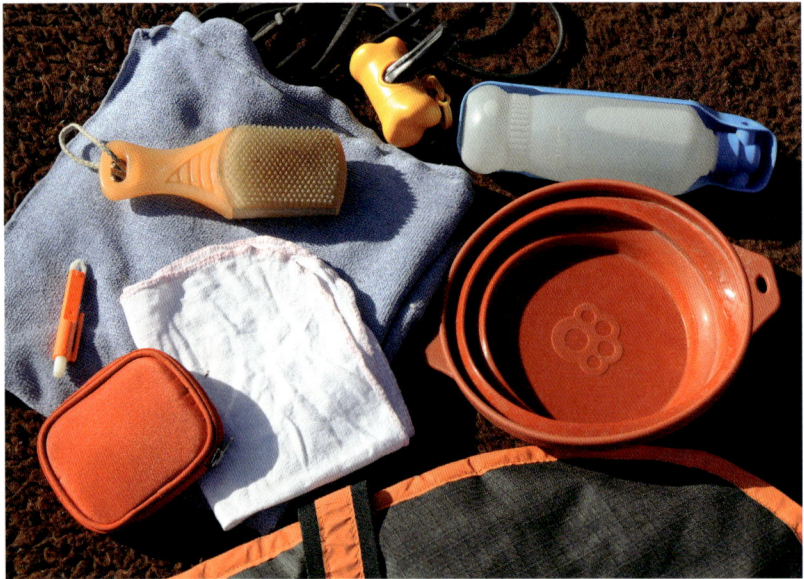

Das sind die wichtigsten Utensilien, die ein Therapiehunde-Team immer dabei haben sollte.

WAS EIN THERAPIEHUNDE-TEAM DABEI HABEN SOLLTE!

- Halsband oder Geschirr und Leine (siehe Leinenlänge bei Rollstuhlfahrer)
- Halstuch oder andere spezielle „Dienstkleidung" für den Therapiehund
- Wasser und Wassernapf/ Wassertrinkgefäß
- Leckerli und Spielzeug für den Hund
- Handtuch
- Hundedecke (möglichst nicht rutschend, „Anti-Rutsch-Matte")
- Kottüten
- Zeckenzange
- eventuell Hundemantel bei kalten Temperaturen für Arbeit draußen

- Erste-Hilfe-Set
- eventuell Babysöckchen für drinnen oder spezielle Schuhe für den Outdoorbereich
- EU-Heimtierausweis
- Einsatzausweis des Hundeführers
- Einsatzmarke des Hundes (falls vorhanden)
- Wechselkleidung und Schuhe (wenn Sie vorher mit dem Hund laufen gehen)
- Arbeitsmappe (Haben Sie für die Einrichtung eine Arbeits-mappe mit allen Unterlagen angefertigt, brauchen Sie diese nicht immer mitzunehmen!)

Danksagung

An dieser Stelle möchte ich mich ganz herzlich bei allen bedanken, die bei der Entstehung des Buches mitgewirkt und sich für Fotoaufnahmen zur Verfügung gestellt haben.

Ein besonderer Dank gilt Milena – meinem Fotomodell für das Titelbild – und ihrer Familie für das tolle Fotoshooting.
Den Kindern, deren Eltern und den Mitarbeitern des Kirnbachkindergartens und der Kirnbachschule danke ich für ihre Mitwirkung und Geduld bei der Erstellung der wunderbaren Fotos. Besonders unterstützt hat mich in den letzten Jahren Uschi Bergmeister. Ihr möchte ich ganz herzlich danken für die hervorragenden Vorbereitungen, die Rückmeldungen und ihre liebevolle Art, mit Menschen und Tieren zu arbeiten.
Ein weiter Dank gilt natürlich auch meinen Ausbildern bei der IGTH Doris Wanner, Daniela Preis, Martina Strobel, Carmen Böhm und ganz besonders Elke Schmid.
Tierarzt Thomas Lepiorz in Tübingen danke ich für seine hilfreiche Unterstützung in Gesundheitsfragen und bei den Fotoaufnahmen in seiner Praxis.
Der Kleintierpraxis Dr. Matthias Roth in Reutlingen vielen Dank für den re-gelmäßigen Gesundheitscheck bei Jil und Malou.
Monika Schwab, der Züchterin von un-serer Jil, möchte ich an dieser Stelle „Danke" sagen, und zwar besonders für die hervorragende Prägung in allen Bereichen unserer Zaubermaus.
Danke, Gerald, dass ich das Foto aus der Palliativstation von Martina und Balin in meinem Buch verwenden darf.
Meinen beiden Nichten Tabea und Louisa und meinem Neffen David ein Dankeschön für die Abgabe eurer tol-len Spielsachen an Jil und Malou. Ihr seid klasse!
Und nicht zuletzt danke ich meinem Mann Olaf für seine Unterstützung in allen Lebenslagen.

Ich wünsche Ihnen eine genauso schöne und lehrreiche Ausbildungszeit, wie ich Sie mit Jil und Malou in Böblingen/Sindelfingen bei der IGTH erleben durfte. Es würde mich sehr freuen, wenn ich Ihnen und Ihrem Hund mit diesem Buch et-was mehr über die Ausbildung und die Arbeit mit einem Therapiehund als Team vermitteln konnte.

Anhang

Adressen

Tierheilpraxis Tübingen
Anja Carmen Müller
Engelfriedshalde 11
D-72076 Tübingen
info@tierheilpraxis-tuebingen.de
www.tierheilpraxis-tuebingen.de

InteressenGemeinschaft TherapieHunde
Kontaktadresse:
Elke Schmid
Saarstraße 3
D-71282 Hemmingen
info@ig-therapiehunde.de

Kirnbachkindergarten und Kirnbachschule
Im Hägnach 18
D-72074 Tübingen
www.kirnbachzwerge.de

European Society for Animal Assisted Therapy (ESAAT)
Veterinärmedizinische Universität Wien
Veterinärplatz 1
A-1210 Wien
Österreich
www.esaat.org

International Society for Animal-Assisted Therapy (ISAAT)
Verhaltensbiologie
Universität Zürich-Irchel
Winterthurerstr. 190
CH-8057 Zürich
Schweiz
www.aat-isaat-org

Kumquats®-Handpuppen
www.kumquats.de

Kynologos AG
Gesellschaft für angewandte Verhaltensforschung bei Hunden
www.kynologos.ch

Forschungskreis Heimtiere in der Gesellschaft
www.mensch-heimtier.de

BHV Berufsverband der Hundeerzieher/innen und Verhaltensberater/innen e.V.
www.hundeschulen.de

Empfohlene Literatur

Baumgart, Liesel und Hand, Marlies: **Bach-Blüten für Tiere**. Oertel+Spörer, 2014.

Beetz, Andrea und Heyer, Meike: **Leseförderung mit Hund. Grundlagen und Praxis**. Reinhardt Verlag, 2014.

Ferber, Renate: **Hundeleckerli selbst backen**. Oertel+Spörer, 2011.

Greiffenhagen, Sylvia und Buck-Werner, Oliver N.: **Tiere als Therapie**. Kynos, 2007.

Hand, Marlies und Liesel Baumgart: **Schüßler-Salze für Hunde**. Selbsthilfe kurz und einfach. Oertel+Spörer, 2009.

Hartmann, Michael: **Patient Hund**. Oertel+Spörer, 2010.

Julius, Henri et. al.: **Bindung zu Tieren. Psychologische und neurobiologische Grundlagen tiergestützter Interventionen**. Hogrefe, 2014.

Kahlisch, Anne und Blümel, Andreas: **Tiergestützte Therapie in Senioren- und Pflegeheimen**. Kynos, 2010.

Lehne, Anke: **Zeitgemäße Jagdhundeführung im Alltag und im Revier**. Oertel+Spörer, 2. Auflage 2014.

Möhrke, Corinna: **Canepädagogik. Hilfe zur Erziehung mit dem und durch den Hund**. epubli, 2011.

Pawletko, Petra: **Phytotherapie für Tiere**. Oertel+Spörer, 2014.

Rauth-Widmann, Brigitte: **Welpen – Mit dem Hund durchs erste Jahr**. Oertel+Spörer, 2010.

Reichenbach, Uta: **Wie Hunde kommunizieren. Hundesprache richtig verstehen**. Oertel+Spörer, 2011.

Reichenbach, Uta und Lehari, Gabriele: **Der zuverlässige Begleithund**. Oertel+Spörer, 2. Auflage 2013.

Ruhsam, Kerstin: **Aromatherapie für Hunde**. Oertel+Spörer, 2014.

Schwab, Monika: **Labrador Retriever**. Oertel+Spörer, 2010.

Sinner, Tanja und Lehari, Gabriele: **Obedience**. Oertel+Spörer, 2010.

Sondermann, Christina: **Das große Spielebuch für Hunde**. Cadmos, 2014.

Verma, Vindo: **Ayurveda für Hunde**. Oertel+Spörer, 2013.

Werner, Tina: **Wellness für Hunde**. Oertel+Spörer, 2010.